Farina Graßmann

Wunderwelt Moor

Gedruckt auf
100% Recyclingpapier

Wunderwelt Moor

Heimische Moore, ihre Bewohner und ihre Bedeutung im Klimaschutz

Entdeckt und fotografiert von Farina Graßmann

pala verlag

Inhalt

Willkommen in der Wunderwelt Moor 8

Das Moor

Landschaft zwischen Wasser und Land 13
Torf 14
Moorland 16
Wachsende Moore 16
Das Gesicht der Moore 18
Sag mir, woher dein Wasser stammt 20

Die Bewohner des Moores

Der Moorfrosch 49
Die Kreuzotter 55
Die Mooreidechse 59
Der Kiebitz 63
Der Kranich 67
Der Hochmoorgelbling 71
Die Sumpfschrecke 75
Die Schwarze Heidelibelle 79
Die Gerandete Jagdspinne 83
Der Sonnentau 87
Das Wollgras 91
Die Gewöhnliche Moosbeere 95
Die Moorbirke 99
Das Torfmoos 103
Die Schwarze Krähenbeere 109
Der Sumpf-Haubenpilz 113

Zum ökologischen Wert der Moore

Die ökologischen Funktionen der Moore 118
Wasserspeicher 118

Bild links: Ein Blatt des Langblättrigen Sonnentaus

Kohlenstoffspeicher ... 118
Vielfaltsschützer ... 120

Moornutzung

Der Mensch und das Moor ... 124
Torfabbau im Moor ... 126
Landwirtschaft im Moor ... 132

Moornutzung heute ... 136
Torfabbau im Moor heute ... 136
Landwirtschaft im Moor heute ... 140

Moorschutz

Moor muss nass ... 145
Wiedervernässung – wie funktioniert das? ... 146
Wiedervernässung – was kommt danach? ... 150

Nasse Moore nutzen ... 154

Ein Moor im Garten

Das Moorbeet ... 159
Der Ort für das Moorbeet ... 159
Das Moorbeet anlegen ... 159
Auf das Wasser kommt es an ... 161
Moorbeet ohne Moorboden ... 162
Das wächst im Moorbeet ... 163
Das Moorbeet pflegen ... 165

Moorschutz im Garten ... 166
Kein Torf in den Topf! ... 167

Ausblick ... 169

Die Autorin ... 173

Bild rechts: Das Weiße Schnabelried wächst mit Vorliebe in und an Mooren. Nährstoffreiche Standorte hingegen meidet es.

Willkommen in der Wunderwelt Moor

Meine erste Begegnung mit den Mooren liegt viele Jahre zurück. Als Kind, vertieft in »Die unendliche Geschichte« von Michael Ende, wanderte ich an der Seite des mutigen Atréju durch die unheimliche Landschaft und bangte um das Schicksal seines Gefährten Artax. Das weiße Pferd versank in den Sümpfen der Traurigkeit und ließ mich erschrocken über die Tücken dieser Landschaft zurück.

Bei der Arbeit an diesem Buch begegneten mir erstmals nach langer Zeit wieder die Vorbehalte gegenüber den Mooren, denn die Ängste vergangener Generationen prägen unseren Blick bis heute. Früher waren die Moore ein lebensfeindlicher Ort: Die Reisenden sanken abseits der sicheren Wege schnell ein. Den wenigen Bewohnern schenkte der karge Boden kaum Nahrung. Und fern der Zivilisation wurden nicht nur Verbrecher gerichtet, sondern auch grausame Verbrechen vertuscht. Lange Zeit war die Beziehung zu den Mooren deshalb geprägt von Schauergeschichten und Irrglauben.

Einst bedeckten Moore auf 1,4 Millionen Hektar Fläche das Land in Deutschland – das entspricht fast der Fläche Schleswig-Holsteins! Den einstigen Moorreichtum können wir heute nur noch erahnen, nachdem die Menschen vor einigen Jahrhunderten damit begannen, die Moore weiträumig zu nutzen. Wo vorher das Einsinken in die sumpfigen Böden drohte, entstanden Siedlungen, Torfstiche, Forst- und Landwirtschaftsflächen. Die Landschaft wandelte sich durch den menschlichen Einfluss grundlegend. Bis heute schreitet die Zerstörung voran und sorgt dafür, dass nur noch ein Bruchteil unserer Moore nass ist. Diese verbliebenen Gebiete sind Schatzkammern, die ihre Schönheit und ihren Reichtum manchmal erst beim genauen Hinsehen offenbaren.

Auf meinen Reisen in unsere Moore bin ich ihren Bewohnern begegnet: dem klitzekleinen Sonnentau, der Insekten mit dem Versprechen von Tautropfen in seine klebrigen Fallen lockt, den Kranichen, die laut trompetend mit ihren Partnern über das Moor tanzen, den Moorfröschen, die sich himmelblau

färben und in den lebensfeindlich scheinenden Moorgewässern ihre Heimat haben. Ich bin durch Niedermoore gewandert, in denen sich wassergefüllte Moorwälder mit saftigen Wiesen abwechseln, auf denen seltene Orchideen bunt wie Wassermalkästen erblühen. Ich habe Hochmoore erkundet, die seit Jahrtausenden heranwachsen, sich wie eine Kuppel in der Landschaft emporheben, in denen die Spezialisten der Moore den Besuchern ihre Überlebensstrategien verraten. Kein Moor gleicht dem anderen und jeder Besuch war zugleich eine Zeitreise in die lange zurückreichende Entstehungsgeschichte, die jedem Moor sein ganz eigenes Gesicht verliehen hat.

Moore sind einzigartig, sie sind Wasser und Land zugleich. Sie sind ein Schatz, dessen wahren Wert wir lange Zeit nicht erkannt haben. Unsere Vorfahren dachten, die Moore würden uns erst nutzen, wenn wir sie »nutzbar« machen. Mit der Trockenlegung haben sie allerdings vieles von dem verloren, was sie einst ausmachte. Nicht nur die Bewohner, von denen viele nur in den verbliebenen Moorresten überlebt haben. Unsichtbar entweichen aus den Böden auch Treibhausgase. Sie sind der Grund dafür, dass die Moore in den letzten Jahren wieder zum politischen Gesprächsthema wurden. Moore wieder »nass« zu machen, kann die Emissionen weitgehend zum Stillstand bringen. Zugleich schützt es auch die im Moor beheimateten Arten. Dieses Buch erzählt ihre Geschichten und ist ein Plädoyer für den Schutz unserer Moore.

Bild folgende Seite: Am Alpenrand liegt einen Steinwurf vom Murnauer Moos entfernt das kleinere Pfrühlmoos. Am Rande des Moores versorgen sprudelnde Quellen die Landschaft mit Wasser. Es gehört zu den letzten von der Kulturlandschaft kaum berührten Mooren Deutschlands.

Das Moor

Landschaft zwischen Wasser und Land

Moore gibt es schon seit Hunderten Millionen Jahren. Seit Sumpf- und Wasserpflanzen die erdgeschichtliche Bühne betraten, konnten diese Gebiete entstehen. Die tropischen Torfsümpfe stammen aus dem Oberkarbon, sie sind 320 bis 286 Millionen Jahre alt. Die Entstehung der (sub-)tropischen Moore aus dem Tertiär reicht immerhin 65 bis drei Millionen Jahre zurück. Tief unter der Erdoberfläche sind sie noch immer sichtbar, denn sie haben die heutigen Steinkohle- und Braunkohlevorkommen gebildet.

Die Moore, durch die wir heute wandern, sind deutlich jünger: Ihre Entstehung begann vor rund 12000 Jahren und noch heute wachsen neue Moore heran. Ein Wimpernschlag in der Erdgeschichte. Damals ging eine einschneidende Zeit zu Ende: die letzte Eiszeit. Es wurde wärmer, das Eis schmolz, Wasser strömte in die Senken und vermengte sich dort mit hohen Niederschlägen. Das Land wurde weitläufig mit Wasser getränkt und vermoorte.

Die Geschichte aller Moore ist untrennbar mit dem Wasser verbunden. Nur bei einem Wasserüberschuss entsteht aus den Pflanzen nach ihrem Absterben Torf. Bei der Frage, was ein Moor ist, spielt diese Ablagerung toter Pflanzen eine zentrale Rolle. Unter geeigneten Bedingungen nimmt die Dicke der Torfschicht stetig zu und wenn sie mindestens 30 Zentimeter erreicht hat (manche Definitionen begnügen sich auch mit 20 Zentimetern) und mindestens 30 Prozent organische Substanz in der Trockenmasse enthält, sprechen Bodenkundler von einem Moor. Minerale und Wasser bilden die übrige Substanz. Die geobotanische Sicht hingegen bezieht für die Definition die aktuell vorkommenden Pflanzenarten ebenso mit ein wie die im Boden verborgenen Überreste der abgestorbenen Pflanzen – hier ist also die moortypische Vegetation auf den nassen Torfböden von Bedeutung.

Bild links: Im 18. Jahrhundert stauten die Menschen im Südschwarzwald das Moor – den Nonnenmattweiher – auf, um mit dem Wasser die talab liegenden Mühlen zu betreiben. Die Torfdecke des überfluteten Moores riss ab und schwamm auf der Wasseroberfläche – bis der Damm vor rund einem Jahrhundert dem Druck nicht mehr standhielt und sich der Weiher ins Tal entleerte. Seit Wiedererrichtung des Dammes schwimmen die Torfinseln wieder.

Torf

Die Torfschicht berichtet von der Geschichte eines Moores. Denn der Torf besteht aus den Pflanzen, die einmal im Moor gewachsen und nach ihrem Absterben im Boden eingelagert worden sind. Möglich war das erst durch die besonderen Bedingungen in dieser Umgebung: Eine zentrale Rolle spielen die Wassersättigung des Bodens und der deswegen herrschende Sauerstoffmangel. Unter diesen Gegebenheiten können im Moor kaum Bodenlebewesen existieren, die andernorts die Aufgabe übernehmen, abgestorbene organische Substanzen zu zerkleinern und deren Bestandteile in den Naturkreisläufen zu halten. Das anfallende Pflanzenmaterial wird deshalb nur unvollständig zersetzt und häuft sich fortwährend unter den lebenden Moorpflanzen als Torf an. Die Torfschicht wächst sehr langsam, hierzulande ist es durchschnittlich nur ein Millimeter im Jahr. Bis der Torf einen Meter dick ist, vergeht somit ein Jahrtausend.

Von Moor zu Moor sehen die Torfe unterschiedlich aus. Sind sie stark zersetzt, wirken sie wie eine nahezu einheitliche Masse. In nur schwach zersetzten Torfen sind dagegen teils richtiggehende Pflanzenbüschel erhalten

Moore im Volksmund

Das heutige Wort »Moor« stammt vom mittelniederdeutschen »mōr« ab, mit dem die Menschen in längst vergangenen Zeiten das Sumpfland beschrieben. Regional sind Bezeichnungen wie »Bruch«, »Dose« und »Fenn« im Norddeutschen oder »Ried«, »Filz« und »Moos« im Süddeutschen verbreitet. Teils greifen sie bestimmte Eigenschaften der Moore auf und verewigen sie in den Namen der jeweiligen Gebiete.

geblieben. Aus dem Torf können wir herauslesen, wie vor langer Zeit die Vegetation vor Ort ausgesehen hat. Dabei gibt es keine Pflanzenarten, die nach ihrem Absterben in jedem Fall zu Torf werden. Viel entscheidender als die Pflanzenarten sind die Bedingungen – und somit sind es auch bei Weitem nicht nur Torfmoose, die im Torf konserviert sind. Auch Wollgräser, Seggen und Simsen, Binsen und Heiden sowie das Holz im Moor wachsender Bäume können darin übergehen. Die Moose nehmen beim Wachstum der Torfschicht in den aufgewölbten Hochmooren nichtsdestotrotz eine Sonderstellung ein: Unter ihnen gibt es nämlich richtiggehende »Ökosystem-Ingenieure«, die die Umgebung verändern und optimale Voraussetzungen für die Torfbildung schaffen.

Im Laufe der Entwicklungsgeschichte eines Moores können sich Schicht für Schicht unterschiedliche Torfe ablagern. Daran ist heute beispielsweise ablesbar, wenn in einem Gebiet vor Tausenden Jahren erst ein See mit Schilfpflanzen lag, aus dem der Schilftorf hervorgegangen ist, und darauf später ein sumpfiger Wald wuchs, der die Basis für den Erlenbruchwaldtorf gebildet hat. Das Aussehen des Torfs wird aber nicht nur durch die Pflanzenteile darin bestimmt. Aufgrund des mit der Tiefe zunehmenden Alters der Schichten sehen diese unterschiedlich aus. In der Nähe der Oberfläche ist der Torf schwächer zersetzt und hat eine weißliche bis hellbraune Färbung (Weißtorf). In der Tiefe ist er dagegen dunkelbraun gefärbt (Schwarztorf) und – obwohl kein reiches Bodenleben herrscht – im Laufe der Zeit stärker zerkleinert worden. Als Humifizierung wird dieser Vorgang bezeichnet, bei dem das abgestorbene Pflanzenmaterial zersetzt wird und dunkle Huminsäuren entstehen. Für gewöhnlich wird nur zwischen Weißtorf und Schwarztorf unterschieden.

Bild links: In den gestochenen Torfsoden zeichnen sich die Fasern der konservierten Pflanzen ab.

Moorland

Moore entstehen in Landschaften, in denen das Land vom Wasser erobert wird – wenn Flüsse über ihre Ufer treten, wenn das Meerwasser die Küsten flutet, wenn Quellen aus dem Boden sprudeln oder wenn der Regen auf die Erde herabströmt. In Seen findet heute oftmals eine Verlandung statt. Wenngleich nicht aus jedem See ein Moor wird, war doch am Anfang vieler Moore ein See.

Weltweit gibt es Moore in den unterschiedlichsten Regionen: von den baumfreien Ebenen in Skandinavien über die schroffen Formationen der Alpen bis hin zu den Tiefen der tropischen Regenwälder. Nur in den Wüsten und Halbwüsten fehlen sie. Und natürlich dort, wo die Wassermassen das Wachstum von moorbildenden Pflanzen verhindern. Denn diese Gewächse gehören ebenso zum Moor wie das Wasser.

Die mächtigsten Torfmoore Europas liegen mit einer Torfschicht von etwa 200 Metern Dicke im griechischen Mazedonien. Allerdings bildeten sich dort nur die obersten Schichten nach der letzten Eiszeit – in der Tiefe hat sich der Torf über Millionen von Jahren hinweg bereits in Braunkohle verwandelt.

Die stärkste Torfbildung findet aktuell in der gemäßigten Klimazone statt, etwa in unseren Breiten. Die größten Moorflächen gibt es dagegen in der kalt-gemäßigten Klimazone. Wenngleich es hoch im Norden, wo die Bäume zum Nordpol hin immer spärlicher wachsen, in den Ebenen kaum unvermoorte Standorte gibt, weisen diese Moore im Vergleich zu den mitteleuropäischen Mooren doch dünnere, nur gemächlich zunehmende Torfschichten auf.

Wachsende Moore

Weltweit bedecken Moore drei Prozent der Landfläche. In Mitteleuropa sind es fünf Prozent und in Nordeuropa sogar doppelt so viel. Ein Moor zu erkennen, ist nicht nur aufgrund der vielfältigen Formen von Mooren eine Herausforderung, sondern genauso aufgrund des Wandels, den sie durchlebt haben. Die Menschen haben das Land nach ihren Bedürfnissen geformt und davon auch Moore nicht ausgenommen. Dabei war die Beziehung zwischen Mooren und Menschen in Europa zwischenzeitlich recht vielversprechend:

Am Fuße des Ammergebirges liegt das Ettaler Weidmoos. In dem Mosaik aus artenreichen Moor- und Auenstandorten entspringen Quellen, die zu glasklaren Bächen vereint die Landschaft durchziehen. Wenn die Wiesen in bunter Blüte stehen, zeigt sich die Bedeutung des Gebietes für zahlreiche seltene Falterarten.

Die Entstehung des Moores reicht bis in die endende letzte Eiszeit zurück. Zu dieser Zeit sammelte sich das Schmelzwasser in einem See. Mit seiner schrittweisen Verlandung begann die Geschichte des Ettaler Weidmooses.

Im Mittelalter schnellte der Bedarf an Holz rasant in die Höhe. Mit dem wertvollen Gut wurden Siedlungen errichtet, Häuser geheizt, Schiffe gebaut, Werkzeuge und Waffen gefertigt. Die Wälder fielen dem Raubbau zum Opfer – bis zum 13. Jahrhundert waren 80 Prozent der ursprünglichen Waldfläche vernichtet und Gesetze zu ihrem Schutz gewannen an Wichtigkeit. Doch die Rodungen hatten auch zur Folge, dass die Böden ohne den Halt der Baumwurzeln und der schützenden Kronen den Elementen ausgeliefert waren. Durch die Erosion gelangten große Mengen des Waldbodens in die Gewässer und immer öfter traten diese über die Ufer. Dann schwemmte das Wasser feine Partikel in die Auen, wo sie sich ablagerten und den Boden abdichteten. Auf den gerodeten Flächen fehlte der Bewuchs, sodass Wasser, welches zuvor entweder gespeichert worden war oder verdunstet ist, nun in tiefere Bodenschichten sickerte. Dadurch stieg der Grundwasserspiegel und mit der Zeit staute sich in den Flussauen dauerhaft das Wasser und es entwickelten sich Moore in den Niederungen.

Das Gesicht der Moore

Wer behauptet, er wäre noch nie im Moor gewesen, der vertut sich vermutlich. Denn der folgenschwerste Irrtum, der mit Blick auf diese Landschaften vorliegt, ist das Bild, das wir vor Augen haben: trostlose Sümpfe, die sich unmöglich trockenen Fußes durchqueren lassen, in denen man einzusinken droht und wo in den Tiefen Moorleichen liegen. Das ist denkbar weit entfernt von dem Anblick, den unsere Moore bieten. Denn der überwiegende Teil von ihnen wurde des Wassers beraubt und in Wiesen verwandelt, auf denen Kühe grasen, in Äcker, auf denen Mais wächst, oder sogar in Siedlungen. Nur fünf Prozent der Moore in Deutschland sind nicht entwässert und nur zwei Prozent sind noch dazu in einem weitgehend natürlichen Zustand. Auch in Österreich und der Schweiz sind rund 90 Prozent der Moore trockengelegt.

Allein die Moore in unseren Breiten sehen so unterschiedlich aus, dass sie dem einfach gezeichneten Bild aus Krimis und Schauergeschichten längst nicht gerecht werden: Landschaften, die ebenso vegetations- wie trostlos sind, in denen allenfalls ein knorriger Baum seine toten Äste emporstreckt und aus dem dichten Nebel ragend eine schaurige Gestalt abgibt. Moore sind so viel mehr als das:

Sie sind grüne Moospolster, die den Hang eines Bergfichtenwaldes einhüllen. Sie sind feuchte Wiesen, auf denen die farbenfrohen Falter im Sommer von Blüte zu Blüte fliegen. Sie sind verlandete Seeufer, an denen Frösche und Libellen einander die Plätze auf den Torfinseln streitig machen. Sie sind überflutete Senken entlang gewaltiger Flussströme. Sie sind sumpfige Bruchwälder, in denen Spechte hämmern und Biber heimlich nagen.

Die baumlose Hochmoorfläche des Großen Torfhausmoores öffnet den Blick auf den Nationalpark Harz.

Das Schwimmende Moor ist einzigartig auf der Welt. Es liegt außen vor dem Deich und wird bei hohen Fluten von der Nordsee emporgehoben.

Die mit ihren Gesichtern und Geschichten so unterschiedlichen Moore wurden in Moortypen eingeteilt. Eine dieser Einteilungen beschäftigt sich mit den hydrologischen Moortypen, sie konzentriert sich also darauf, woher das Wasser stammt, das die Entstehung des Moores ermöglicht hat.

Grob werden die Moore in Hochmoore und Niedermoore eingeteilt. Die Niedermoore werden vom Grundwasser sowie vom nährstoffreichen Oberflächenwasser, etwa aus Seen, Flüssen oder Bächen, genährt. Die Hochmoore dagegen werden nur durch Niederschläge gespeist und sind deshalb nährstoffärmer. Moore, die sich von Niedermooren zu Hochmooren entwickeln, werden sowohl von unten als auch von oben mit Wasser gespeist und werden Übergangsmoore genannt. Während in niederschlagsreichen Regionen auf diesem Weg ein nur vom Niederschlag abhängiges Hochmoor entstehen kann, verbleibt das Moor bei zu geringen Niederschlägen in diesem Zustand und wird als Zwischenmoor bezeichnet.

Sag mir, woher dein Wasser stammt

Verlandungsmoore

Biberkessel

Reisende, die vor etwa 8000 Jahren vom höchsten Berg des Nordschwarzwaldes auf die Landschaft hinabschauten, konnten zwei Karseen erblicken. Der Berg – die Hornisgrinde – befreite sich zu dieser Zeit von einer Eisschicht, unter der er lange Zeit geschlummert hatte. Heute kann ich nur noch einen See entdecken. Der andere ist verschwunden und hat sich in ein Moor verwandelt. Eiszeitliche Kräfte gruben die Vertiefungen – Kare – in die Berghänge, sodass sich darin das Wasser sammeln konnte.

Die Eiszeit hatte die höchsten Gipfel der Region fest in ihrem Griff, nur die Tallagen waren im Sommer eisfrei. Vor etwa 11 700 Jahren endete die Würmzeit (für Süddeutsche) beziehungsweise Weichsel-Eiszeit (für Norddeutsche).

Fünf Gletscherzungen reichten vom Gletscher um die Hornisgrinde herum bis zu drei Kilometer weit in die Täler. Die Kare zeugen noch heute davon, wie sie die Böden formten: Mit dem Einsetzen der Schneeschmelze gerieten die Gletscher ins Rutschen, rissen Erde und Gestein mit sich und drückten mit ihrer Kraft eine Mulde – die Karmulde – in den Untergrund. Am unteren Rand der Vertiefung sammelte sich das Geröll an und riegelte sie ab. Das Schmelzwasser sammelte sich darin und vermischte sich mit dem Wasser aus Quellen und Bächen. Der Karsee entstand.

Der Biberkessel an der Ostflanke der Hornisgrinde ist das größte der Kare. Vermutlich hatte er eine Tiefe von acht Metern, bevor er Schätzungen zufolge vor 2000 Jahren verlandete. Forschende vermuten den Ursprung seines Namens bei den Kelten. Mit »Biver« bezeichneten sie Wasser und zu ihrer Zeit zeugte offenbar noch ein Moorauge von dem einstigen Karsee. Der Torfboden umschließt diese dunklen Moorseen, die wie Augen in der Landschaft liegen.

Der zweite Karsee unterhalb der Hornisgrinde – der Mummelsee – ist auf die gleiche Weise entstanden. Allerdings verlandete er nicht wie viele der

Bilder rechts: Zwei Karseen, deren Geschichten unterschiedlicher nicht sein könnten

anderen nach der Eiszeit entstandenen Seen, sondern glitzert noch heute in der Schwarzwaldsonne. Um kaum einen anderen See ranken sich in dieser Region mehr Sagen als um den Mummelsee. Die Seerosen – auch Mummeln genannt – verliehen ihm einst seinen Namen. Unter der Wasseroberfläche schlummern Mümmlein – liebreizende Nixen – und flüstern den Menschen ihre Geheimnisse zu.

Grinden

»Grinde« bedeutet so viel wie »kahler Kopf«. Im Mittelalter sind die fast baumfreien Feuchtheiden auf den abgeflachten Höhenrücken entstanden. Die wachsende Bevölkerung verlangte Holz und Weideflächen in gewaltigen Mengen. Wälder wurden abgeholzt und durch Brandrodungen in Weiden für die Tiere umgewandelt. Nährstoffentzug und Bodenverdichtung waren die Folgen und führten dazu, dass die Böden vernässten und versauerten und sich schließlich in Moore verwandelten.

Die Hochmoore auf der Hornisgrinde sind mindestens 6000 Jahre alt. Die Bedingungen auf diesem Bergrücken sind wie geschaffen für die Entstehung von Mooren: 2200 Millimeter beträgt die durchschnittliche Niederschlagsmenge im Jahr. Die Jahresdurchschnittstemperatur liegt jedoch bei knapp unter 5 °C. Vergleichbar mit Moskau. Deswegen erreichte die Torfschicht nur eine Dicke von etwas mehr als einem Meter. Nicht nur die tiefen Temperaturen hemmten das Torfwachstum: Ein im Spätsommer 1800 ausgebrochener Brand verschlang jahrtausendealte Moorböden. Nach einer langen Dürreperiode wütete das Feuer 17 Tage lang und verzehrte den Torf. Eine etwa 20 Zentimeter unter der Oberfläche liegende Brandschicht und eine darunter stark zersetzte Torfschicht zeugen noch heute von dem Ereignis. Auch die Menschen störten die Moorbildung empfindlich. Um das Moor nutzbar und die Torfschicht abbaubar zu machen, schlugen sie Entwässerungsgräben in den Boden. Durch den Torfabbau und die militärische Nutzung wurden die Moorflächen teils völlig zerstört.

Der Übergang von Grinden zu Mooren ist oft fließend. Viele Grindenflächen sind zugleich Anmoore: Der Wasserüberschuss und der Sauerstoffmangel haben diese dunklen, fast schwarzen Böden geschaffen, deren Trockenmasse mit immerhin 15 bis 30 Prozent organischer Substanz nahe an den Mooren liegt. Vielerorts findet man in den Grinden eine Vegetation aus Torfmoosen, Rasenbinsen und Zwergsträuchern, wie sie für Hochmoore typisch ist. Intakte Moorflächen mit Torfmoosen wurden in der Regel nicht beweidet, denn die Pflanzen der sauren Moore bekamen den Tieren nicht.

Auf dem Bergrücken der Hornisgrinde im Nordschwarzwald liegen mindestens 6000 Jahre alte Moore. An den Hängen verdichtet sich die Vegetation und Latschenkiefern bekommen die Oberhand.

Federsee

Die Geschichte einer Landschaft lässt sich anhand der Zeugnisse unserer Vorfahren oft nur bruchstückhaft rekonstruieren: Wo sich die Landschaft über Jahrtausende hinweg gewandelt hat, reichen kaum zwei Jahrhunderte zurückreichende Schwarz-Weiß-Aufnahmen nicht aus. Dann braucht es Bodenproben und Laboruntersuchungen, um die Entwicklungen nachzeichnen zu können. Manchmal schenkt uns die Natur allerdings anschauliche Einblicke in ihre Vergangenheit und in ihre Zukunft.

Der Federsee hat auf den ersten Blick wenig zum Thema Moore beizutragen. Nördlich vom Bodensee liegt er und ist mit 140 Hektar neben diesem einer der größten Seen Baden-Württembergs. Zunächst wirkt er wie ein gewöhnlicher See, mit einer ausladenden Wasserfläche, dichten Schilfgürteln,

Der Federsee schrumpft. Hier können wir zusehen, wie ein Moor entsteht.

aus denen das Gezwitscher der Röhrichtbewohner ertönt, und farbenfrohen Algenteppichen, die wie Inseln auf dem Wasser schwimmen und Schwärmen kleiner Fische Schutz bieten. Was man nicht sieht, ist, dass der Federsee zum größten zusammenhängenden Moorgebiet dieser Region gehört und den Rest eines einstmals etwa 5000 Hektar bedeckenden nacheiszeitlichen Sees darstellt.

Das umgebende Gebiet fiel der Trockenlegung zum Opfer und so deuten nur die mit Wasser gefüllten Gräben und einige dort noch immer vorkommende Charakterarten auf das vorhandene Moor hin. Die Vergangenheit der Federseeregion bleibt den Augen der Besucher dadurch fast verborgen – wie die bevorstehende Entwicklung. Denn der See schrumpft. Stück für

Stück verlandet er und bildet den Wasserkörper für das wachsende Moor: ein Verlandungsmoor.

Während das Moor vor wenigen Jahrhunderten weitgehend zerstört wurde, trat ein anderer Schatz zutage: Uralte Pfahlbauten zeugen von den Menschen, die früher das Gebiet besiedelten. Ihre Reste genießen Schutz als Teil des UNESCO-Weltkulturerbes. Und die Reste des Moores wurden unter Naturschutz gestellt, was der Naturlandschaft das Gesunden ermöglicht.

Ein Verlandungsmoor kann auf zwei Weisen entstehen: Einerseits, indem sich im Wasser Mudden ablagern: Organische und anorganische Materialien werden ins Gewässer getragen, setzen sich am Grund ab und füllen es allmählich auf. Anderseits, indem torfbildende Pflanzen auf dem Wasser schwimmend Teppiche bilden. Diese Teppiche, bestehend aus verschiedenen Pflanzenarten, werden mit der Zeit immer dicker und dichter. Schwingrasen werden sie dann genannt und mit etwas Glück können wir Menschen sogar auf ihnen laufen. Weil der Torf, den diese Schwingrasen erzeugen, ins Wasser absinkt, sprechen wir hier auch davon, dass sich Sinktorfe bilden.

Einem Großteil der Gewässer hierzulande kann man aktuell beim Verlanden zusehen. Zumindest wenn man viel Zeit hat. Einige Jahrzehnte bis Jahrtausende sollte man je nach Gewässergröße und Menge der Nährstoffeinträge dafür übrig haben.

Versumpfungsmoore

Venner Moor

Lange vor der Gründung der Stadt Münster wuchs vor ihren heutigen Toren ein Moor heran. Vor etwa 6000 Jahren war das Klima regenreich und in den Senken entstanden sumpfige Flächen. Darin siedelten sich Torfmoose an, überwucherten die Bereiche, brachten die Wälder aus Birken und Kiefern zum Absterben und schufen die Basis für ein Versumpfungsmoor, das Venner Moor. Mit der Zeit ist der Moorboden in die Höhe gewachsen und ein Hochmoor entstand. Durch die Analyse im Torf überdauerter Pollen konnte die Geschichte des Gebietes rekonstruiert werden.

Die Entstehungsgeschichten von Versumpfungsmooren sind grundverschieden. Gemeinsam ist ihnen, dass sich in ihren Gebieten das Wasserangebot vergrößert hat. Das konnte durch eine Zunahme der Regenfälle vor Ort geschehen, aber auch Ursachen anderenorts haben. So führten im Verlauf der Geschichte Waldrodungen dazu, dass Wasser in die Tallagen floss und sich dort sammelte, statt vom Waldboden aufgenommen zu werden. Neben einem solchen Mehr an Wasserzufuhr konnten Versumpfungsmoore auch von einem Weniger an Wasserabfluss profitieren, etwa wenn Flüsse in ihren Tälern Sedimente verteilten, die das Versickern verhinderten.

Mindestens ein Viertel der Moore Mitteleuropas sind Versumpfungsmoore. Sie besitzen nur eine geringmächtige Torfschicht, oft weniger als einen Meter dick, die innerhalb kurzer Zeit zersetzt wird, wenn sie der Trockenheit ausgesetzt ist. Aus diesem Grund verloren viele ehemalige Versumpfungsmoore ihren Torfkörper.

Heute finden wir diesen Moortyp vor allem kleinflächig in Wäldern.

Moorleichen

Oftmals war es gerade die Zerstörung der Moore, die die Schätze des Moores zutage förderte. Moorleichen gehören zu den geheimnisvollsten sterblichen Überresten der Menschheitsgeschichte, mit denen sich die moderne Archäologie beschäftigt. Die Finder waren in der Regel Torfstecher, die bei den Arbeiten im Moor unwillentlich die Ruhe der Moorleichen störten.

Im Schleswig-Holstein der 1870er-Jahre stießen Torfarbeiter mit dem Spaten auf einen Leichnam. Der »Mann von Rendswühren« wurde als eine der ersten Moorleichen in Norddeutschland geborgen. Das Loch in seinem Kopf zeugt von seinem gewaltsamen Tod, sein abgenutztes Gebiss von grober Getreidekost, sein leerer Magen und Darm von dem Hunger, unter dem er vor seinem Ableben litt.

Rund 600 Moorleichen sind aus den europäischen Mooren bekannt und liefern uns eine Fülle von Informationen über unsere Vorfahren und deren Lebensweise. Mit den Leichen schlummerten teils Jahrtausende lang Kleidung und Schmuckstücke, Werkzeuge und Waffen in den feuchten Böden. Sogar die letzten Mahlzeiten sowie die Todesursachen konnten in einigen Fällen detailliert rekonstruiert werden.

In Dänemark fand 1950 die Frau eines Torfstechers eine männliche Moorleiche. Bei ihrem Anblick nahm die Frau an, es handele ich um einen jungen Mord: Konserviert durch das Moor, war das Erscheinungsbild nahezu unversehrt – abgesehen von der Lederschlinge um den Hals, mit der der Mann erdrosselt worden war. Doch nach der Ankunft der Polizei stellte sich schnell heraus, dass der »Tollund-Mann« schon vor langer Zeit gestorben war: vor etwa 2000 Jahren.

Die Spuren der Gewalt beweisen, dass es sich bei den Moorleichen nur sehr selten um Verunglückte handelt. Es waren Menschen, die Opfer von Verbrechen geworden oder in den Mooren hingerichtet worden sind. Als »Bannungsmoore« beschrieben Archäologen die Moore, in die man Schuldiggesprochene nach ihrem Tod »verbannte«. Doch auch »Opfermoore« existierten, in denen den Göttern menschliche Opfer dargebracht wurden.

Bild links: Noch heute ringen die Torfmoose mit den im Venner Moor wachsenden Bäumen.
Die Moose sind filigrane Kunstwerke: Erst bei genauem Hinsehen offenbart sich ihre Schönheit.

Überflutungsmoore

Schwimmendes Moor

Es ist einzigartig auf der Welt: ein Moor, gelegen am Meer, durch einen Deich vom Land getrennt, das bei hohen Sturmfluten aufschwimmt. Das Sehestedter Außendeichsmoor ist als »Schwimmendes Moor« bekannt und bildet den Rest eines Moorgebietes, das vor etwa 2000 Jahren den heutigen Jadebusen fast vollständig bedeckte. Schon allein wegen seiner Einzigartigkeit gehörte meine Reise zum Schwimmenden Moor zu den beeindruckensten Erlebnissen, die mir die Arbeit an diesem Buch ermöglicht hat.

In der letzten Eiszeit waren gigantische Wassermengen im Gletschereis gebunden. Der Meeresspiegel lag deshalb etwa 130 Meter tiefer als heute und eine Wanderung zur Landmasse, die heute England heißt, wäre trockenen Fußes möglich gewesen. Das Schmelzen der Gletscher ließ den Meeresspiegel steigen, wodurch das Wasser in den Küsten- und Binnenlandbereichen nicht mehr ungehindert abfließen konnte. Die Entstehung von Sümpfen und Mooren begann – so auch dort, wo heute der Ortsteil Sehestedt liegt. Der weiter steigende Meeresspiegel griff nach dem noch jungen Niedermoor,

An diesem Küstenabschnitt trifft das Salzwasser der Nordsee auf das Süßwasser, von dem das Schwimmende Moor lebt. Die Salzwiesen trennen das Watt vom Moor, nur bei hohen Fluten beginnt die mehrere Meter dicke Torfschicht, auf dem Meerwasser zu schwimmen.

die täglichen Fluten lagerten über Jahrtausende hinweg eine meterdicke, aus dem Meer stammende Tonschicht ab. Zeitweise erlaubte ein verlangsamter Meeresspiegelanstieg, dass darauf wieder ein Niedermoor wuchs, das später erneut mit Ton bedeckt wurde. Erst kurz vor Beginn unserer Zeitrechnung, als der Einfluss des Meeres auf das Moor schwand, wuchs darauf das Hochmoor. Sturmfluten haben es im Mittelalter weitestgehend zerstört. Doch seine Überreste können wir noch heute besichtigen.

Auch in den darauffolgenden Jahrhunderten suchten verheerende Fluten die Küstenbewohner heim. Ein Deich sollte die Bevölkerung vor der See schützen. 1725 wurde er fertiggestellt und durchzog das Moor. Zu dieser Zeit war das Gebiet auch nahe der Küste besiedelt, Menschen wohnten auf dem Sehestedter Außendeichsmoor und betrieben Landwirtschaft darauf. Obwohl kein Deich sie schützte, waren sie bei Sturmfluten weitgehend sicher.

Fischern, die vom Meer auf die Küste blickten, zeigte sich zu dieser Zeit eine meterhohe Abbruchkante, die den Übergang zwischen dem Moor und den Salzwiesen bildete. Der Torfboden des Hochmoores trocknete ohne den Schutz der Vegetation schnell aus und wurde leichter, die Fluten hoben die

Kante des Moores kurzerhand an – samt den darin liegenden Moorgewässern und darauf stehenden Bäumen und Häusern. Die Kraft des Wassers hinterließ allerdings ihre Spuren und ließ das Moor schrumpfen. Etwa 100 Jahre nach der Fertigstellung des Deiches gelangte das Meerwasser unter dem Hochmoor bis zum Deichfuß, wo es wieder an die Oberfläche kam. Umgeben von Salzwasser schwamm der leichtere, da mit Süßwasser gefüllte, Moorkörper nun vollständig auf. Mit dem Wellenschlag brach die Moorkante Stück für Stück ab. Dennoch stand noch bis zum Beginn des letzten Jahrhunderts ein Haus auf dem Schwimmenden Moor. Schwere Schädigungen, auch in der jüngeren Vergangenheit, erinnern uns daran, dass die Einzigartigkeit dieser Landschaft nicht ewig existieren wird.

Neben den vom Meer geschaffenen Küsten-Überflutungsmooren gibt es auch die vom Wasser der Flüsse gespeisten Auen-Überflutungsmoore. Das Wasser ist reich an Nährstoffen und Mineralstoffen und trägt etwa Ton oder Lehm mit sich. Nur wenige Pflanzen wie Rohrkolben und Schilf, Erlen und Weiden wurzeln darin.

Kann man im Moor versinken?

Langsam versinkt ein Mensch im Moor, nur eine Hand ragt am Ende noch aus dem dunklen Morast, bevor auch sie komplett verschwunden ist. Bilder wie dieses haben den unheimlichen Ruf der Moore geprägt, wenngleich sie ins Reich der Fiktion gehören.

Wasser und Torf haben eine höhere Dichte als der menschliche Körper. Das macht es unmöglich, im Moor vollständig zu versinken. Opfer von Verbrechen konnte man nur verschwinden lassen, indem man sie beschwerte, und nur dadurch konnten die Moorleichen bis in unsere Zeit erhalten bleiben.

Ungefährlich ist es dennoch nicht, durchs Moor zu laufen. Wo unter dem Wurzelgeflecht der Moorpflanzen nur Wasser oder dünnflüssiger Schlamm liegt, sinkt man leicht ein. Zwar droht dann nicht das Ertrinken, doch wer sich aus dem Morast, der sich unter der Pflanzendecke kaum erwärmt, nicht herauskämpfen kann, stirbt durch Erfrieren.

Um die Gefahren der Moore zu bannen, bauten die Menschen schon vor langer Zeit Wege durch das Moor. Im niedersächsischen Campemoor liegen die Reste des ältesten entdeckten Moorwegs der Welt: Um 4550 v. u. Z. wurden die Holzbohlen verlegt. Das Prinzip hat sich bis heute bewährt und erlaubt uns, die Moore trockenen Fußes zu erkunden.

Die Kendlmühlfilzen schmiegt sich zwischen Chiemsee und die Erhebungen der Chiemgauer Alpen.

Durchströmungsmoore

Kendlmühlfilzen

Am Chiemsee liegt die Kendlmühlfilzen. Das Naturjuwel beherbergt hochmoortypische Pflanzen wie Sonnentau und Wollgras und ist ein Biotop für seltene Tierarten, darunter Wachtelkönig und Kreuzotter. Die Kendlmühlfilzen verbindet – wie viele Moore – unterschiedliche hydrologische Moortypen miteinander, und so ist sie nicht nur ein Hochmoor, sondern auch ein Durchströmungsmoor, da sie nicht ausschließlich vom Regen gespeist wird.

Ein Pfad führt durchs Moor, offenbart die atemberaubende Landschaft und öffnet den Blick auf die Chiemgauer Alpen, die sich in unmittelbarer Nähe erstrecken. Das Wasser aus Bergbächen und Quellen, die in den Berg- und Tallagen entspringen, fließt auf seinem Weg in den Chiemsee durch das leicht geneigte Moor hindurch. Das Gebiet verfügte im Verlauf seiner Entstehungsgeschichte über eine zuverlässige Wasserversorgung, wodurch die Torfzersetzung in seinen Böden gering und der Torf grobporig blieb. In der Folge konnte das Wasser den ganzen Torfkörper durchströmen und erschuf so ganz nebenbei ein wunderschönes Fleckchen Erde.

Murnauer Moos

Weiter westlich vom Chiemsee, auf halbem Weg zum Bodensee, liegt das Murnauer Moos. Dort sind es die Ammergauer Alpen, deren Panorama meine Wanderungen durchs Moor begleitet. Zahlreiche Bäche schlängeln sich mit ihrem klaren Wasser durch das Alpenvorland und sind Teil eines atemberaubenden Mosaiks: mit Orchideen und Schwertlilien verzierte Feuchtwiesen, uralte Wälder mit Vögeln, die in den Baumhöhlen brüten, und den sich weit erstreckenden Mooren. Letztgenannte breiten sich auf einer Fläche von etwa 3200 Hektar aus. Das Murnauer Moos ist damit das größte zusammenhängende und naturnah erhaltene Moorgebiet Mitteleuropas. Die Einzigartigkeit dieses Mooses zeigt sich auch im Artenreichtum, den es beherbergt: Über 1000 Pflanzenarten, etwa 200 davon als bedroht eingestuft, wurden bisher nachgewiesen. Daneben kommen Tausende Tierarten vor, für deren Schutz das Murnauer Moos auch deutschlandweit eine wichtige Bedeutung hat.

Wo heute ein Moor liegt, türmte sich in der letzten Eiszeit ein Gletscher auf und verbarg den Boden unter einer 800 Meter mächtigen Eisschicht. Als sich der Gletscher mit den steigenden Temperaturen zurückzog, hinterließ er eine karge, mit Schotter bedeckte Fläche. Die entstandene Vertiefung füllte sich mit Wasser und der entstandene See verlandete mit der Zeit – das Murnauer Moos entstand als Verlandungsmoor. Ein Teil dieses Moores hat sich mittlerweile zu einem Hochmoor entwickelt, das vom Regen gespeist wird. Ein anderer Teil hingegen steht noch immer unter dem Einfluss der Gewässer. Neben den oberirdisch fließenden Bächen durchziehen auch unterirdische Wasserströme das Moor. Sie ließen in Teilen des Gebietes Durchströmungsmoore entstehen. Das aus dem Untergrund stammende Wasser ist noch immer mit dem Gestein in Kontakt und deshalb reich an Mineralien. Das lässt die Vegetation in diesem Teil der Moore stark aufwachsen, ohne die regelmäßige Mahd würde dort mit der Zeit wohl ein Moorwald heranwachsen.

Außer im Alpenvorland liegen auch in den nordostdeutschen Flusstälern Moore dieses Typs. Recknitz und Peene gehören zu den Flüssen, die in die Ostsee münden. Das von den Seiten in die Flüsse fließende Grund- und Quellwasser durchströmt die dort entstandenen Moore. Sie konnten sich bilden, weil das Flusswasser auf das Meereswasser trifft, wodurch es zum Rückfluss kommt und ausladende, feuchte Täler geformt werden.

Bilder links: Das Murnauer Moos ist in seiner Größe und in seinem noch urtümlichen Zustand hierzulande einzigartig. Auf weitläufigen Wanderwegen lässt sich die facettenreiche Schönheit des Moores erleben.

Das kalkreiche Wasser verleiht den Haidgauer Quellseen ihre Farbe.

Quellmoore

Wurzacher Ried

Die nur dünne Torfschicht ist für Quellmoore typisch. Viele von ihnen finden wir in Gebirgsregionen. Das im Alpenvorland gelegene Wurzacher Ried gehört zu den bekanntesten und beherbergt zudem das größte zusammenhängende, noch intakte Hochmoor Mitteleuropas. Neben den Hochmoorbereichen erstrecken sich artenreiche Niedermoore, darunter die in den Randbereichen liegenden Quellmoore. Gespeist werden sie von Karstquellen, deren Wasser sich unterirdisch seinen Weg durch ein natürliches Leitungssystem im Gestein bahnt, bevor es an die Oberfläche tritt. Der im Wasser gelöste Kalk lagert sich am Gewässergrund und auf den Wasserpflanzen ab. Dadurch erhalten die Quellseen ihre türkise Färbung. Erst die Moore mit den darin enthaltenen Huminsäuren verleihen dem ursprünglich klaren, bläulich grünen Wasser seine dunkle Farbe.

Bild links: Der Riedsee bildet mit rund 10 Hektar die größte Wasserfläche im Wurzacher Ried. Aus einem Torfstich hervorgegangen, zeugt er von der früheren Nutzung des Gebietes.

Weltweit gibt es 150 bis 450 Torfmoosarten, etwa 35 davon in Deutschland. Ihre Farbpalette umfasst Grün- und Gelbtöne genauso wie Rot- und Braunnuancen und manchmal sind die Moose sogar weiß.

Quellmoore im Kellerwald

Der Hohe Keller ist die höchste Erhebung des nordhessischen Kellerwaldes. Oben auf dem Kamm blitzt zwischen dem Bodenbewuchs helles Gestein hervor, Quarzit. Er ist hart und arm an Mineralien, weswegen sich darüber oft nur eine dünne Bodenschicht gebildet hat, die rasch austrocknet. In den Senken sammelte sich hingegen Ton, staute nährstoffarmes Wasser darin auf und ließ Moore entstehen. Das älteste von ihnen ist über 10 000 Jahre alt, wenngleich es nur eine weniger als zwei Meter dicke Torfschicht besitzt.

Von dem breiten, geschotterten Forstweg führt mich ein schmaler Pfad in den Fichtenwald. Ohne das Hinweisschild, das auf den Erlebnispfad aufmerksam macht, wäre er mir nicht aufgefallen. Auf den ersten Metern ist der Anblick ernüchternd: Fichte an Fichte steht nebeneinander – Zeugnis einer jahrhundertelangen Nutzung – und der federnde Boden könnte trockener kaum sein. Bereits befürchtend, die Dürren der letzten Jahre könnten die Moore ausgetrocknet haben, entdecke ich die ersten Spuren: Die Besenheide hat ihre rosa Blüten geöffnet und der Tannen-Bärlapp fällt mir durch seine hellgrüne Färbung auf. Im Vorbeigehen könnte man den Bärlapp für ein übergroßes Moos halten, über 15 Zentimeter wächst er aufrecht in die Höhe. Eine botanische Rarität, die in dieser Gegend als stark gefährdet gilt. Vor mehreren Hundertmillionen Jahren dominierten die Bärlappe weite Teile der Nordhalbkugel, wuchsen neben der heute vorkommenden Gestalt sogar baumförmig. Wenngleich sich Bärlappe keiner großen Bekanntheit erfreuen, haben sie dennoch Anteil am wirtschaftlichen Erstarken Deutschlands. Denn auch wenn die erfolgreichste Zeit dieser faszinierenden Pflanzen lange vergangen ist, wirken sie bis ins Heute: Die Steinkohle, die wir in Deutschland gefördert haben, entstand zu großen Teilen aus eben diesen Bärlappen.

Allmählich wird der Boden feuchter und dichte Moospolster säumen die Wegränder. Bunt wie Blumen umfassen sie die verschiedensten Grün- und Rottöne. Es sind Torfmoose, die mit dem geringen Nährstoffangebot problemlos umgehen können. Die Blätter anderer Pflanzen schützt eine Wachsschicht – das Torfmoos hat dagegen keine. Somit muss es zwar auf diesen Verdunstungsschutz verzichten, im Gegenzug ermöglicht ihm das aber die ungehinderte Aufnahme von Wasser und den darin enthaltenen Nährstoffen. Obwohl die letzten Niederschläge lange zurückliegen, steht in einigen Vertiefungen das Wasser. Es sind Quellen, in deren Umgebung die Quellmoore entstanden sind.

Dank der austretenden Quellen säumen etliche Vermoorungen die Hänge des Hohen Kellers. Über 100 wurden bereits kartiert und zeigen eine große Vielfalt – neben einem über 10 000 Jahre alten Moor sind andere erst seit wenigen Jahrzehnten im Entstehen, und dem größten Moorkomplex mit nahezu 20 000 Quadratmetern Fläche stehen zahlreiche kleine Quellmoore mit nur wenigen Hundert Quadratmetern gegenüber.

Hangmoore

Hangmoore im Harz

Wernigerode, Osterode und Harzgerode sind Städtenamen, die von der Geschichte des Harzes zeugen. Mit »rode« kennzeichneten die Menschen damals Orte, die auf gerodetem Gebiet entstanden sind. In anderen Teilen des Landes waren dagegen »roda«, »reuth« oder »rath« verbreitet. Die Nutzungsgeschichte des Harzes reicht weit zurück und geht insbesondere mit dem Bergbau einher. Bereits vor rund 800 Jahren hatten die Zisterziensermönche ihn verwaltet und zur Blüte gebracht. Nachdem Pest-Epidemien die Erzgewinnung im 14. Jahrhundert zum Erliegen gebracht hatten, wurde sie zwei Jahrhunderte darauf wiederbelebt und die ursprünglichen Harzer Laubwälder wurden geplündert, um den riesigen Bedarf an Holz zu stillen. An den kahlgeschlagenen Berghängen entstanden Moore. Das die Hänge herabströmende Wasser überfloss die Moorböden und ermöglichte die Entstehung der, wenn auch überwiegend dünnen, Torfschichten.

Die Hangmoore sind ein junger Moortyp. Ihr Wachstum setzte in Mitteleuropa frühestens vor 2000 bis 3000 Jahren ein, ein großer Teil von ihnen ist sogar erst im Mittelalter entstanden. Die Rodungen dieser Epoche begünstigten ihr Entstehen: Wo vorher Wälder für eine Verdunstung großer Wassermengen sorgten, schuf die Anlage von Wiesen und Weiden den Ausgangspunkt für die Vermoorung, insbesondere als die Nutzung beendet wurde. In den Alpen dagegen sind Hangmoore ohne Einfluss des Menschen entstanden und erstrecken sich bis in eine Höhe von über 2000 Metern.

Lichte Moorfichtenwälder prägen vielerorts das Gesicht des Harzes und gehören zu den wenigen Standorten, an denen die Fichten auch in tieferen Lagen natürliche Wälder bilden. Unter den harten Bedingungen bleibt ihr Wuchs allerdings kümmerlich, es ist die »Kampfzone« zwischen Wald und Moor. Je mooriger der Boden wird, umso vereinzelter stehen die Bäume. Zwergsträucher übernehmen dann neben den Torfmoosen das Regime. Der seltene Sperlingskauz – der Winzling unter den heimischen Eulen – macht in den Moorfichtenwäldern des Harzes heute wieder Jagd auf kleine Vögel. Daneben beherbergen die Moore teils stark gefährdete Insektenarten und spielen damit auch deutschlandweit eine wichtige Rolle im Artenschutz.

Bild rechts: Die Moore und Moorfichtenwälder des Nationalparks Harz zählen zu den ursprünglichsten in Deutschland. Das Torfstechen lohnte sich in dieser Region nicht, denn das feuchtkalte Klima erschwerte das Trocknen des Torfes.

Kesselmoore

Kesselmoor im Toteissee

Ein kleines Moor in Norddeutschland. Gletscher haben vor langer Zeit das Gelände geformt und Vertiefungen hinterlassen. Mit dem Abtauen ist ein kleiner Teil der Eismassen abgebrochen. Um diesen Toteisblock herum lagerte das Schmelzwasser Sande ab, die ihn isolierten und sein schnelles Wegschmelzen verhinderten. Erst allmählich, als der Block schon längst unter dem Sediment verschwunden war, taute das Eis weg. Die Decke brach über dem dadurch entstandenen Hohlraum ein und ein Toteissee entstand. Wenngleich der See infolge des trockenwarmen Klimas austrocknete, beherbergt diese Vertiefung heute ein Moor.

In dem Kessel sammelte sich das aus der Umgebung stammende Wasser und spülte Schlamm hinein. Der dichtete den Boden Schicht für Schicht ab und sorgte dafür, dass der Wasserkörper des anfänglichen Verlandungsmoores allmählich anstieg. Schließlich war es dem Einfluss des Grundwassers entwachsen und wurde nur noch durch das in die Senke fließende Bodenwasser genährt. Die Zeit des Kesselmoores begann, in der eine viele Meter dicke Torfschicht wuchs.

Kesselmoore in der Eifel

Auch andernorts formten Naturgewalten die Erde. So liegen die Kesselmoore des Nationalparks Jasmund in von Gletschern geschaffenen Senken und in der Eifel prägen bis heute die Maare – trichterförmige Vulkane – die hügelige Landschaft. In ihrer Tiefe sind weitere Zeugnisse der Erdgeschichte verborgen: Vor etwa 13 000 Jahren brach in der Eifel der Laacher Vulkan aus und hinterließ seine Spuren auch in den Mooren. Bis nach Südschweden verteilte sich die weiße Asche. Der darüber wachsende Torf konservierte sie in den Mooren. Bei Bodenproben hebt sich die helle Schicht in vielen Kesselmooren deutlich ab und ist durch die spitzen Kanten der Aschepartikel unter dem Mikroskop leicht von Sand- oder Tonschichten unterscheidbar.

Die Kesselmoore sind vor allem in Wäldern erhalten geblieben. Dort kommt ihnen das Klima zugute: Die relativ feuchte und kühle Luft vermindert

Bärlapp-Pflanzen gab es schon vor den Dinosauriern. Bereits vor etwa 410 Millionen Jahren spalteten sie sich von allen anderen Gefäßpflanzen ab. Der Sprossende Bärlapp darf damit zweifelsfrei als »lebendes Fossil« bezeichnet werden.

Zwischen August und September bildet dieser Bärlapp seine charakteristischen und zugleich namensgebenden Sporophyllstände aus. Die Sporen wurden einst von Zauberern genutzt. Mit ihrer Hilfe erzeugten sie Blitzlicht- und Feuerspuckeffekte.

die Verdunstung des Moorwassers. Außerdem finden die Moore in Wäldern eine ausgeglichene Wasserversorgung – in offenen Landschaften haben sie häufig mit einem Zuviel an Wasser zu kämpfen, das zur Entstehung von Kleingewässern führt.

Hochmoore

Wildseemoor

Im Schwarzwald liegt der Wildsee. Umgeben vom Moorwald, wirkt er auf der Hochebene wie ein dunkles Auge. Moorauge werden diese Gewässer im Moorzentrum genannt. Über einen Hektar misst die offene Wasserfläche und macht den Wildsee zum größten seiner Art in Deutschland. Die Schwingrasen – frei auf der Wasseroberfläche treibende Pflanzendecken – verbergen weite Teile des Wassers unter sich. Einige knorrig wachsende Birken und Spirken – Moor-Kiefern – behaupten sich darauf.

Wasserundurchlässige Gesteinsschichten sorgten nach der letzten Eiszeit gemeinsam mit ausgiebigen Niederschlägen für die Versumpfung. Mit der Zeit wuchs das Moor über den Grundwasserspiegel hinaus und es entstand auf dem Niedermoor ein Hochmoor, heute weist die Torfschicht eine Dicke von etwa acht Metern auf. Torfmoose waren die Baumeister – ohne sie kann sich kein Hochmoor bilden. Durch das Emporwachsen verlor das Moor den Anschluss ans Grundwasser und ist angewiesen auf die Arbeit der Torfmoose. Wie ein Schwamm nehmen diese die Niederschläge auf und hindern das Wasser entgegen der Schwerkraft daran, aus der teils deutlich aufgewölbten Fläche seitlich herauszufließen. Die wenigen Nährstoffe filtern die Torfmoose aus den Niederschlägen und geben dabei Stoffe ab, die das Moorwasser sauer machen. Auf diese Weise gestalten sie das Moor, denn sowohl die Nährstoffversorgung als auch der pH-Wert entscheiden darüber, welche Arten dort vorkommen, und sorgen dafür, dass neben den Torfmoosen nur wenige andere Pflanzen darin wachsen. Glocken-Heide und Scheidiges Wollgras, Mittlerer Sonnentau und Gewöhnliche Moosbeere sind typische Hochmoorpflanzen. Zwischen den Bulten, die deutliche Erhebungen im Moor bilden, liegen die feuchteren Schlenken. Diese Unterschiede in der Feuchtigkeit sind die Basis für die mosaikartige Vegetationsdecke.

Hochmoore sind mehr als alle anderen Moore abhängig vom Klima. Über dem Grundwasserspiegel der Umgebung liegend, hängt ihr Bestehen davon ab, wie viel Wasser sie über Niederschläge gewinnen und wie viel Wasser sie über Verdunstung oder – insbesondere in den vom Menschen beeinflussten Landschaften – über Abfluss verlieren.

Wie ein dunkles Auge liegt der Wildsee im Schwarzwald.

In Deutschland zählen von den schätzungsweise über 1,4 Millionen Hektar Moorfläche rund 440 000 Hektar zu den Hochmooren. Vorwiegend liegen sie in Niedersachsen. Die Bedingungen in Hochmooren sind so spezifisch, dass sie ohne einschneidende Veränderungen für den Menschen kaum nutzbar sind. Deswegen wurden viele von ihnen entwässert.

Das in Baden-Württemberg gelegene Wildseemoor wurde in den letzten nahezu hundert Jahren nach und nach unter Naturschutz gestellt. In den vorigen Jahrhunderten hatte man im Versuch, die dortigen Moore trockenzulegen, ein dichtes Netz aus Entwässerungsgräben angelegt, die die Gebiete auf einer Gesamtlänge von 520 Kilometern durchziehen. Der Erfolg blieb trotz der großen Anstrengungen aus: Die forstliche Nutzung lohnte sich nicht und man gab die Arbeiten auf. Die Gräben durchziehen die Moore leider noch heute und rauben ihnen das wertvolle Wasser. Für die nächsten Jahre sind zum Glück Maßnahmen geplant, um den Wasserstand wieder zu erhöhen und trockengefallene Abschnitte wieder zu vernässen.

Die Grasglucke kommt vor allem in Feuchtgebieten vor, darunter auch Moorwiesen. Dort führen der unscheinbare Nachtfalter und seine Raupen allerdings ein verstecktes Leben.

Armmoore und Reichmoore

Mit Blick auf ihren Stickstoffgehalt kann man Moore in Armmoore und Reichmoore unterteilen. Armmoore sind arm an Stickstoff (0,01 bis 0,25 mg Gesamtstickstoff / Liter Moorwasser), also oligotroph. Die Reichmoore dagegen sind reich an Stickstoff (0,6 bis 1,0 mg Gesamtstickstoff / Liter Moorwasser), also eutroph. Dazwischen gibt es weitere ökologische Moortypen, in Mitteleuropa sind es insgesamt fünf.

Intakte Armmoore zeigen das Bild, das viele Menschen vor Augen haben, wenn sie an Moore denken: Torfmoose bilden die Pflanzendecke, nur wenige höhere Pflanzenarten gesellen sich dazu, wie das Scheidige Wollgras oder Zwergsträucher wie Glockenheide und Rosmarinheide. Heute hat in vielen einst nährstoffarmen Mooren ein Wandel stattgefunden: Die allgegenwärtige Überernährung unserer Landschaft hat sie mit Nährstoffen angereichert und dadurch schlussendlich auch die Palette der darin lebenden Arten durcheinandergebracht. Auf solchen Standorten kommt es häufig nicht mehr zur Bildung von Torf, sondern zur Ablagerung von Schlamm, reich an organischer Substanz.

Unsere Moore lassen sich auch in Naturraumtypen einteilen – etwa 26 gibt es in Mitteleuropa. Sie sind eine Kombination aus den hydrologischen und den ökologischen Moortypen.

Bild rechts: Lichte Moorbirkenwälder umsäumen den offenen Hochmoorbereich des Roten Moores. Seit den späten 1970er-Jahren steht das Gebiet in der hessischen Rhön unter Naturschutz.

Die Bewohner des Moores

Es gluckert im Moortümpel

Der Moorfrosch

Rana arvalis

Der Winter ist vorüber. Lautstark zeugen die schrillen Rufe der Kiebitze davon, dass die Zeit des Frühlings gekommen ist. Ich stapfe gemeinsam mit meinem Mann durch die Moorlandschaft. Das Pfeifengras hat die ebenen Dämme, die das Moor durchziehen, in einen hügeligen Untergrund verwandelt, auf dem man leicht stolpert, wenn man den Blick über die Landschaft schweifen lässt, anstatt auf seine Füße zu sehen. Ein Fasan krächzt aus voller Kehle in einem nahen Gebüsch und das Kreischen eines am Himmel kreisenden Greifvogels verbindet sich mit dem Rascheln einer Mooreidechse im Gras. In dieses Konzert der Natur mischt sich plötzlich ein weiterer Laut. Ungewöhnlich klingend, macht er uns neugierig. Der Ort des Geräusches, ein leises Gluckern, ist schnell ausgemacht: Es kommt aus dem Moortümpel, der nur wenige Meter entfernt im Sonnenlicht glitzert. Als würde jemand eine leere Flasche unter Wasser halten und die Luft blubbernd daraus entweichen lassen. Und da bewegt sich etwas auf der Wasseroberfläche. Ein weiter Sprung – und schon ist das Tier unerkannt im Dickicht der Flatterbinsen verschwunden.

Gebückt schleiche ich mich langsam ans Ufer. Behutsam setze ich einen Schritt nach dem nächsten und versuche, den trockenen Torfboden unter meinen Füßen nicht in Schwingungen zu versetzen. Das würde jedes Tier im Umkreis mehrere Meter schlagartig auf meinen Annäherungsversuch aufmerksam machen und ihn sicherlich vereiteln. Am Wasser angekommen, lasse ich mich nieder und halte gespannt Ausschau. Es vergehen einige Minuten, bis das Glucksen von Neuem beginnt und wieder Bewegung in den Tümpel kommt. Im Augenwinkel bemerke ich kleine Wellenbewegungen. Ein Frosch schwimmt auf dem Wasser. Unscheinbar braun im braunen Moorwasser. Aus der Entfernung könnte man ihn für einen Grasfrosch halten. Doch da kommt mit einem Satz ein weiterer Artgenosse angesprungen. Seine himmelblaue Färbung entlarvt ihn sofort: ein Moorfrosch. Von ihnen stammte das Gluckern. Es ist ihr Paarungsruf, den man im Frühling mit etwas Glück vernehmen kann.

Pünktlich zur Paarungszeit werfen sich die Moorfroschmännchen in Schale. Die Blaufärbung ist allerdings nur von kurzer Dauer. Denn bei dieser

Bild links: Die Moorfrosch-Männchen tragen für kurze Zeit ein himmelblaues Paarungskleid.

Froschart findet das Liebesleben – vom Kennenlernen bis zum Kinderkriegen – im Schnelldurchlauf statt. Oft sind es nur wenige Tage im März, an denen sich die Tiere im Wasser versammeln, einen Partner finden und sich mit ihm verpaaren. Explosivlaicher werden Arten mit dieser Lebensweise genannt. Früher war das Brodeln des Wassers, übervoll von paarungswilligen Fröschen, ein weit verbreiteter Anblick. Bis zu 50 der blauen Kerle drängten sich dann auf einem Quadratmeter. Heute ist dieses Schauspiel selten geworden. Denn der Frosch mit dem einzigartigen Paarungskleid gehört zu den gefährdeten Arten. In mehreren Bundesländern Deutschlands führt ihn die Rote Liste sogar als vom Aussterben bedroht oder gar als ausgestorben. Die Gründe dafür liegen allerdings nicht nur in den schwindenden Mooren.

In den 1980er-Jahren trafen sich engagierte Moorfroschkenner aus mehreren europäischen Ländern, um sich zu beraten. Es war das erste Symposium in Deutschland, das einer einzigen Amphibienart gewidmet war. Besonders ist beim Moorfrosch neben seinem Farbwandel-Talent auch seine Verbreitung. Nicht nur, dass die Grenzen seines Verbreitungsgebietes über 7000 Kilometer voneinander entfernt liegen – es reicht von Frankreich bis weit nach Sibirien und überbrückt dabei mehr als 120 Längengrade. Auch seine Lebensräume könnten unterschiedlicher kaum sein.

Angefangen bei den trüben Mooraugen über kleine Heidetümpel zwischen sandigen Hügeln bis hin zu den überschwemmten Flussauen und Bruchwäldern sucht er für das Aufwachsen der nächsten Generation die verschiedensten Gewässer aus. »Die Biotope des Moorfrosches erwiesen sich in der, wenn auch nur wenige Länder umfassenden, Übersicht als derart vielfältig, dass es sehr schwerfiel, das Gemeinsame zu formulieren«, schlussfolgerten besagte Froschkenner in den 1980er-Jahren. Diese Vielfalt findet sich in den Namen des Frosches wieder. Denn entgegen seinen volkstümlichen Bezeichnungen bedeutet sein wissenschaftlicher Artname Rana arvalis übersetzt schlichtweg »Ackerfrosch« oder »Feldfrosch«. Im Südwesten Deutschlands wäre es hingegen am treffendsten, ihn »Auenfrosch« zu nennen. Erst diese Anpassungsfähigkeit hat es dem Frosch ermöglicht, die verschiedensten Gewässer innerhalb des riesigen Verbreitungsgebiets zu besiedeln.

Die Moorgewässer hat er fast für sich allein. Der Moorfrosch ist an die lebensfeindliche Umgebung angepasst. Das Wasser ist sauer und sorgt dafür, dass kaum ein Tier neben ihm darin wohnt. Zwar stirbt auch der Laich des

Auf feuchten Torfmoospolstern hält sich der Moorfrosch gerne auf (Bild links).

Der Uferlaufkäfer kann nicht nur gut laufen, sondern auch tauchen. Dafür legt er unter den Flügeldecken Luftdepots an. Mit ihrer Hilfe ist es ihm möglich, sich etwa eine Viertelstunde unter Wasser aufzuhalten. Diese Zeit verbringt er in der Hauptsache mit der Jagd nach Beutetieren – sogar den Kaulquappen des Moorfrosches kann er gefährlich werden (Bild rechts).

Moorfrosches in den stark sauren Hochmoorbereichen ab, in den weniger sauren Gewässern am Rand der Hochmoore oder in Niedermooren ist die Entwicklung der Nachkommen dagegen möglich. Da die Gefahr, in den hungrigen Mäulern von Fressfeinden zu landen, geringer ist als in Gewässern abseits der Moore, können sie sicher heranwachsen.

Zum Leidwesen des Moorfrosches findet er diese Gewässer bei uns nur noch selten. Viele von ihnen sind gänzlich verschwunden – dort, wo Moore trockengelegt wurden. Andere hingegen sind noch in Mooren eingebettet, haben sich aber gewandelt. Die Überdüngung der Landschaft macht auch vor den Mooren nicht halt. Der Eintrag von Nährstoffen führt zu einer Erhöhung des pH-Wertes des Wassers, wodurch es nicht mehr sauer genug ist, um Fische, Molche und andere Fressfeinde fernzuhalten. Wo der Moorfrosch die Wanderung antritt, um neue Orte zu besiedeln, trifft er oft auf einen noch größeren Feind: den Menschen. Straßen und mit Gift bespritzte Felder stellen für ihn tödliche Hindernisse dar und schützende Gehölzstreifen findet er oftmals ebenso wenig wie geeignete Gewässer für die Fortpflanzung.

Die Moorfrösche, die sich blubbernd und rangelnd vor mir im Wasser tummeln, ahnen davon nichts. Sie sind ganz eingenommen von der wichtigsten Zeit ihres Lebens. Bereits lange bevor sie in dem Getümmel um eine Partnerin ringen, haben die Froschmännchen das Schauspiel eingeübt. Schon die jungen Männchen, die noch nicht am Laichgeschehen teilnehmen, schließen sich der Wanderung zum Gewässer an. Vermutlich üben sie auf diesem Wege die Pünktlichkeit. Denn wer in dem straffen Zeitplan nur wenige Tage zu spät am Gewässer auftaucht, geht womöglich leer aus.

Obgleich die Moorfrösche weder in ihrer Gestalt noch in ihrem Gesang ein unauffälliges Paarungsspiel veranstalten, sind bisher einige Rätsel ungelöst. Dazu gehört der Grund für die Blaufärbung. Die Erforschung der Tiere hat

Die blaue Färbung der Moorfroschmännchen entsteht durch die verstärkte Einlagerung von Lymphflüssigkeit unter der Haut.

etwas Licht in die Angelegenheit gebracht: Offenbar erkennt das Moorfroschweibchen die Vorteile einer Vermehrung mit intensiver gefärbten Männchen und paart sich deshalb öfter mit ihnen. (Zum ausführlichen Hintergrund: Größere Männchen hatten eine blauere Färbung und Männchen, die Erfolg bei der Partnersuche hatten, waren stärker blau gefärbt als ihre erfolglosen Artgenossen. Und der Blick auf die Nachkommen der farbenprächtigeren Männchen zeigte, dass diese seltener von bestimmten Prädatoren erbeutet wurden.) Den Untersuchungen zufolge bedeutet das für die schwächer gefärbte Konkurrenz aber nicht zwingend, dass sie keine Chancen hat. Dazu kommt, dass die Ausprägung der Blaufärbung stark variiert. Sowohl warmes, sonniges Wetter als auch ein Zusammentreffen von zahlreichen Männchen auf engem Raum scheint die Färbung zu verstärken.

Bild links: Mit seiner schlichten Braunfärbung ist der Moorfrosch im Moor sowohl im Wasser als auch an Land perfekt getarnt.

Natternhemd im Moor

Die Kreuzotter

Vipera berus

Ein lichter Kiefernwald umgibt das Moor. Gezeichnet von einem Sturm, ragen zwischen den knorrigen, kleinwüchsigen Kiefern die Überreste abgebrochener Baumstämme aus dem Boden empor. Am Fuße eines fauligen, mit Moosen und Flechten bedeckten Baumstumpfes sticht ein schwarzer Fleck auf dem hellen Waldboden hervor. Es ist eine Kreuzotter, die in sich verschlungen im Sonnenschein ruht. Ihre pechschwarze Färbung verrät sie als »Höllenotter« – ein wenig schmeichelhafter Name für dieses Farbspiel. Ihre Verwandten tragen teils braune oder graue, teils strohgelbe oder orangerote Färbungen. Bei ihnen ist – im Gegensatz zur schwarzen Otter – die markante Musterung zu erkennen: die x- oder v-förmige Zeichnung auf dem Kopf, das dunkle Zickzackband auf dem Rücken und der vom Auge bis über den Hals reichende Streifen.

Es ist Anfang Mai und die Kreuzotter wird diesen Platz schon bald verlassen. Den Winter hat sie im Schutz des Baumstumpfes verbracht, gemeinsam mit Artgenossen, die dort ebenfalls ein frostfreies Versteck gefunden hatten. Nachdem der Schnee im Frühling geschmolzen war, hat sie keine weiten Wege unternommen, doch nun steht ihr eine Wanderung bevor. Fast einen Kilometer liegt der Ort entfernt, an dem sie sich alle treffen werden. Jedes Jahr kehren die Schlangen dorthin zurück, um sich zu paaren. Die Treue gegenüber dem Paarungsplatz macht ihnen das Zusammenfinden leicht.

Heute sind Begegnungen mit der Kreuzotter selten. Das liegt allerdings nicht an der Prämie, die noch im letzten Jahrhundert für jede getötete Schlange bezahlt wurde. Der Versuch, die »boshaften« und »jähzornigen« Giftschlangen auszurotten, kostete unzählige Tiere das Leben, doch erst der Verlust ihrer Lebensgrundlage hat dazu geführt, dass es nun so schlecht um sie steht. Die Trockenlegung der Moore gehört zu den am meisten einschneidenden Kapiteln in der Geschichte der Kreuzotter. Mit der Wiedervernässung der Moore wächst die Hoffnung, dass auch die Ottern dort wieder eine Heimat finden werden.

Am Paarungsplatz deutet im Frühsommer nur noch eine hauchdünne Hülle auf die vergangene Anwesenheit der Kreuzottern hin. Es handelt sich

Bild links: Mystisch wirken die »Höllenottern« und ermöglichen ganz besondere Begegnungen im Moor.

In den frühen Morgenstunden stehen die Chancen gut,
eine Kreuzotter beim Wärmetanken im ersten Sonnenlicht zu entdecken.

um ein Natternhemd, die Haut einer Otter. Mehrmals im Jahr häuten sie sich, da die schuppige Haut nicht mitwächst und den auch nach mehreren Jahren noch wachsenden Tieren irgendwann nicht mehr passt. Ausgewachsene Schlangen bringen es auf eine Länge von 70 Zentimetern, in seltenen Fällen sogar von bis zu 90 Zentimetern. Während die Männchen bereits in ihre Sommerreviere abgewandert sind, befinden sich die trächtigen Weibchen nach wie vor nahe dem Paarungsplatz. Es kann bis in den Herbst hinein dauern, bis die kleinen Schlangen zur Welt kommen. Die Kreuzotter ist wie die Mooreidechse lebendgebärend. Vier bis 15, selten sogar bis zu 20 Junge bringt sie zur Welt. Alle nur 15 Zentimeter lang und bleistiftdick. Sie werden jedoch rasch an Größe gewinnen.

In der ersten Zeit erbeuten sie fast nur kleine Frösche und Eidechsen. Deren Bestände sind entscheidend für das Bestehen der Kreuzottern. Wo durch

Trockenlegung, lange Dürreperioden oder einen sinkenden Grundwasserspiegel die Zahl der Frösche zurückgeht, leiden auch die Ottern darunter.

Bereits nach einem Jahr haben die jungen Schlangen ihre Länge verdoppelt. Im Laufe der Zeit kommen Feldmäuse und Spitzmäuse auf dem Speiseplan hinzu. Dabei beweist die Kreuzotter Genügsamkeit: Nur zehn bis 15 Mäuse braucht sie im Jahr. Die von der Sonne aufgewärmte Otter macht blitzschnell Beute, schnellt auf die Maus zu und tötet sie mit ihrem Gift. Auch zur Verteidigung nutzt sie ihre Giftzähne. Bleibt ihr keine Zeit zu fliehen, hebt sie drohend den Kopf und versucht, den Angreifer mit Zischen und Scheinangriffen abzuschrecken. Genügt das nicht, setzt sie zum Biss an. Für Menschen ist ein solcher Schlangenbiss normalerweise nicht tödlich. Aber zum beiderseitigen Wohlergehen sollten wir zur Kreuzotter einen respektvollen Abstand wahren.

Neben Mäusen zählen Frösche und Eidechsen zur bevorzugten Beute der Kreuzotter.

Die Mooreidechse

Zootoca vivipara

Es ist still im Moor. Die Holzwege, die auf Stelzen gebaut die nasse Landschaft durchziehen, sind menschenleer. Kurz nach Sonnenaufgang schlafen die meisten Feriengäste noch tief und fest. Doch etwas regt sich auf den Wegen, auf denen später am Tag ein dichtes Gedränge herrschen wird. Im Augenwinkel sehe ich einen winzigen Schatten – er huscht über das von Wind und Wetter gezeichnete Holz. Doch ehe ich den Kopf drehen kann, ist der Schatten schon in einer schmalen Spalte verschwunden. Da, wenige Meter weiter die nächste Bewegung. Eine Eidechse, braun wie die aus dem Moorwasser ragenden morschen Kiefernstümpfe, reckt ihren Kopf zwischen den Brettern in die Höhe. Es ist eine Waldeidechse. Wobei der Name »Mooreidechse« in diesem Lebensraum treffender ist. Neben diesen beiden Bezeichnungen wird die Eidechsenart auch »Bergeidechse« genannt – so sind bereits die Namen Ausdruck ihrer Fähigkeit, sich an die unterschiedlichsten Gegebenheiten anzupassen.

Ihr unscheinbares Äußeres täuscht über die spektakuläre Erfolgsgeschichte der Mooreidechse hinweg. Kaum eine andere Reptilienart eroberte Gebiete so hoch im Norden wie sie. Bis an die Küsten des Eismeeres und der Barentssee reicht ihr Verbreitungsgebiet. Nur ihrer Anpassungsfähigkeit hat sie es zu verdanken, dass sie an den kargen, warmen Hängen der Pyrenäen genauso leben kann wie am eisigen Nordzipfel Skandinaviens.

Das Leben der Mooreidechsen wird bestimmt von der Wärme. Die ersten sonnigen Frühlingstage locken sie aus ihren Winterverstecken. Unter dicken Moospolstern und in trockengefallenen, von Mäusen durchlöcherten Torfböden haben sie Schutz vor der Kälte gefunden. Noch träge, beinahe regungslos lässt sich die Eidechse von den Sonnenstrahlen wärmen. Zu dieser Zeit können wir sie ausgiebig beobachten – wenn wir sie denn entdecken. Denn auch wenn die Schritte vorbeigehender Wanderer den Boden erschüttern, bleibt sie liegen und vertraut ganz ihrem Tarnkleid. Erst wenn die Temperaturen auf 15 bis 20 °C steigen, genügt der Mooreidechse, um agil zu werden, ein kurzes Sonnenbad, das sie schon bald beendet, um sich in den Schutz der Vegetation zurückzuziehen. Auf dem Holzweg huschen an diesem Morgen

Bild links: Erst bei genauem Hinschauen ist der Detailreichtum des Schuppenkleids erkennbar.

immer wieder Eidechsen umher. Scheinbar mühelos klettern sie mithilfe ihrer scharfen Krallen senkrecht die Pfähle hinauf, die den Steg von dem ein Stück darunterliegenden Torfmoosteppich trennen.

Wenn der Sommer dem Ende zugeht, gewinnen Sonnenplätze wieder an Beliebtheit. Das Weibchen trägt nun in seinem Körper die heranreifenden Eier. So oft wie möglich ruht es an sonnigen Stellen. »Vivipara« ist der Artname der Mooreidechse: »lebendgebärend«. Diese Fähigkeit verschafft ihr einen Vorteil in den kühlen Erdteilen. Eierlegende Reptilien sind darauf angewiesen, dass die Sonne die Eier ausbrütet. Die Nachkommen der Mooreidechse umgibt hingegen bei der Geburt lediglich eine weiche, hauchdünne Hülle, aus der sie sich rasch befreien. Nur in wenigen Regionen weltweit besitzen die Eier der Mooreidechse eine harte, kalkhaltige Schale, die die Jungtiere mithilfe eines Eizahns aufschlitzen.

Das Leben in den Mooren ist für die Mooreidechse zu einer Gradwanderung geworden. Intakte Moore findet sie bei uns kaum noch und in den verbliebenen Moorresten verändert sich die Landschaft auf einschneidende Weise. Der Torfabbau vernichtet komplette Landstriche. Bereits die gigantischen Maschinen sind eine Gefahr, doch darüber hinaus leidet die Eidechse auch unter der Trockenlegung, denn sie braucht feuchte Böden, über die sie ihren Wasserhaushalt regulieren kann. Forschungen an französischen Waldeidechsen zeigten noch dazu, dass den Tieren die zunehmende Hitze zu schaffen macht. Sie kommen biologisch »vorgealtert« zur Welt – in Reaktion auf den Hitzestress besitzen sie bei der Geburt ungewöhnlich kurze Telomere, Schutzkappen auf den Chromosomenenden. Sind sie zu kurz, können die von ihnen geschützten Chromosomen ihre Funktionen in den Zellen zunehmend schlechter ausführen, wodurch die Zellen schließlich absterben können. In Frankreich verkürzte sich die Lebenserwartung bei den Eidechsen und die Echsenpopulationen schwanden. Auch in Torfabbaugebieten erhitzt sich der dunkle Torfboden immens und es herrschen lebensfeindliche Bedingungen.

Ist das Moor schließlich seines Torfs beraubt, verschwinden die Maschinen und die Natur erobert die Landschaft zurück. Fehlt es an Wasser, wachsen Büsche und Bäume in die Höhe und die Eidechse verliert ihre Sonnenplätze. Nur wenn das Moor in seinen natürlichen Zustand zurückkehren kann, wenn kleine Wasserflächen allmählich wieder von Torfmoospolstern überwachsen werden, am Boden liegendes Totholz von der Sonne erwärmt wird, Zwerg-

Mooreidechsen sind häufig auf Holzbohlenwegen zu beobachten. Im Schutz von Heidekräutern (hier rechts eine Glockenheide) und anderen Zwergsträuchern sind sie nur schwer auszumachen. Meistens bemerken die Eidechsen uns eher als wir sie, sodass nur noch das Rascheln zu vernehmen ist, wenn sie in ihre Verstecke huschen.

sträucher vor den Blicken der Feinde schützen, nur dann hat die Mooreidechse in den Mooren der Zukunft einen Platz.

Auf dem Holzweg ruht eine Eidechse in der Morgensonne. Sie unterscheidet sich von den anderen. Ihr Schwanz ist kurz und endet in einer stumpfen Spitze. Es handelt sich um eine Überlebende. Im Angesicht höchster Gefahr, als sie schon in den Fängen ihres Feindes war, hat sie ihren Schwanz abgeworfen und konnte entkommen. Das haben Moore und Mooreidechsen gemeinsam: Auch wenn die Situation schier ausweglos und das Schicksal besiegelt scheint, besteht noch Hoffnung.

Flugkünstler mit Federhaube

Der Kiebitz

Vanellus vanellus

Schrille Rufe schallen über das Moor. Die Geräusche klingen elektronisch, als würde man bei einem alten Radio die richtige Frequenz suchen. Unter das durchdringende »kie-witt« mischt sich ein dumpfes Wummern. Mit kräftigen Flügelschlägen steigt ein Vogel über dem Moor empor. Es ist ein Kiebitz. »Kievit« wird er in den Niederlanden genannt, eine perfekte Lautmalerei seines Rufes. Weit über dem Moorboden kommt der Flug des Kiebitzmännchens zu einem abrupten Ende. Nachdem es gerade noch dem Himmel entgegengeflogen ist, trudelt es nun unaufhaltsam dem Boden zu. Seine Flügelschläge bremsen den Sturz nicht, sorgen nur dafür, dass der Kiebitz im Fallen hin und her geworfen wird. Daher rührte das wummernde Geräusch. Erst kurz über dem Boden fängt er sich und steigt wieder in die Lüfte empor.

Das atemberaubende Schauspiel ist seiner Partnerin gewidmet. Nach der Rückkehr aus den Überwinterungsgebieten finden die Kiebitze an ihren angestammten Brutplätzen zueinander. Nicht nur diesem Platz sind sie treu, sondern auch ihrem Partner. Es scheint wie ein Wunder, dass sie einander nach der langen Reise pünktlich zur Paarungszeit wiederfinden. Das Kiebitzmännchen besetzt in dieser Zeit ein Territorium, verteidigt es gegen Konkurrenten und schindet Eindruck beim Weibchen.

Nach den aufwendigen Showflügen erwartet die Kiebitze eine nicht weniger kräftezehrende Brutzeit. Eine unscheinbare Mulde dient als Nest. Das Männchen hat an mehreren Stellen in seinem Revier mit dem Körper flache Vertiefungen in den Boden gedrückt. In eine davon legt das Weibchen vier Eier. Braun gesprenkelt fügen sie sich in die vertrockneten Halme des Vorjahres ein. Vielerlei Gefahren lauern auf die Bodenbrüter. Doch mit ihrer Unerschrockenheit nehmen es die Kiebitze auch mit körperlich überlegenen Feinden auf. Immer wieder steigen die Vögel in die Lüfte auf, schrecken in spektakulären Luftangriffen Greifvögel ab oder vertreiben im Sturzflug Füchse, die in der Nähe der Nester umherstreifen. Dabei machen sie sich die Stärke der Gruppe zunutze.

Oft brüten die Paare nah beieinander, wehren Gefahren gemeinsam ab. Sogar artübergreifend schließen sie sich mit Rotschenkeln und Uferschnepfen

Bild links: Waghalsige Flugmanöver zeichnen den Kiebitz aus.

»Holle« wird die charakteristische Federhaube des Kiebitzes genannt (links).
Die Küken sind Nestflüchter und schon sehr früh gemeinsam mit ihren Eltern unterwegs auf Nahrungssuche.

zusammen. Kreist ein Trupp von laut schreienden Kiebitzen über den Köpfen, ist das für Spaziergänger ein untrügliches Zeichen, dass sie das Weite suchen sollten. Nicht, dass uns die Vögel ernsthaft gefährlich werden können, doch viel zu leicht wird beim unbedarften Gang über eine Wiese eins der getarnten Gelege zerstört. Noch dazu ist die Anwesenheit der Kiebitze eine Warnung, dass unwegsames Gelände vor uns liegt. Niedermoore und Feuchtwiesen sind die Heimat der Kiebitze. Und wer ihrem »kie-witt« folgt, sinkt im Morast leicht ein.

Aus den Eischalen pellen sich nach wenigen Wochen die Kiebitzküken. Bereits nach Stunden beginnen die Nestflüchter damit, ihre Umgebung zu begutachten. Immer unter dem wachsamen Blick ihrer Eltern. Bei Gefahr drücken sich die Küken dicht an den Boden, unsichtbar in ihr flauschiges, braun marmoriertes Federkleid gehüllt, und warten auf Entwarnung. Die Fressfeinde sind heute allerdings eine vergleichsweise kleine Gefahr. Kaum eine andere Vogelart hat in den letzten Jahren größere Verluste hinnehmen müssen als der Kiebitz. Allein zwischen 1992 und 2016 ist sein Bestand in Deutschland um 88 Prozent eingebrochen.

Zwar verlor der Kiebitz durch die Veränderungen in der Landschaft vielerorts feuchte Moore und regelmäßig überschwemmte Flussauen als Brutgebiete, doch lange Zeit profitierte er zugleich von der Landwirtschaft. Wo das Gras kurz gehalten wurde, konnte er Feinde rasch ausmachen, und wo die Böden gemäht und gepflügt wurden, fand er leicht Beute, zum Beispiel Insekten oder Würmer. Zunächst bot sich dem Kiebitz also dort, wo Moore trockengelegt oder abgetorft wurden und Wiesen und Weiden entstanden, ein Ausgleich für seine verlorene Heimat. Die heute vielerorts intensive Landwirtschaft ist dagegen zur größten Gefahr für ihn geworden. Fällt das Gelege nicht der ersten Mahd im Jahr zum Opfer, verhungern die Küken oft inmitten der emporschießenden Monokulturen, in denen kaum Leben herrscht.

Mit dem Wandel in unserer Landschaft sind »Kiebitzfenster« auf Äckern und vor allem der Natur zurückgegebene Moore und Auen Schritte, um die Kiebitze in unserer Landschaft zu schützen.

In Balz-Arenen buhlen die Kampfläufer-Männchen um die Gunst der Weibchen. Die stärksten Männchen besitzen die dunkelste Färbung – und andersherum.

Uferschnepfenpaare sind monogam, und das häufig über Jahre. Sie kommen gerne zu ihrem angestammten Brutplatz zurück und treffen sich dort wieder.

Tänzer im Nebel

Der Kranich

Grus grus

Die Sonne ist hinter den Sandhügeln verschwunden und taucht die knorrigen Bäume auf den Kuppen in warmes Licht. Mit dem Einbruch der Nacht wird es schlagartig kühl und ich bin dankbar für den Tarnanzug, der mir vorhin, als die Sonne noch hoch am Himmel stand, während des Fußmarsches den Schweiß auf die Stirn getrieben hat. Ich sitze versteckt zwischen den Zweigen einer kümmerlich gewachsenen Kiefer. Sie schenkt nur eine klägliche Deckung, doch dank der braunen und grünen Fäden, die wie explodierte Wollknäuel von meinem Anzug abstehen, füge ich mich dennoch in die karge Landschaft ein. So meine ich – doch wer weiß, wie die Tiere um mich herum das beurteilen würden. Vom langen Warten sind meine Beine eingeschlafen und ich verlagere vorsichtig mein Gewicht, darauf bedacht, keine ruckartigen Bewegungen zu machen oder womöglich einen Zweig zum Knacken zu bringen.

Unzählige Male ließ ich den Blick bereits über die offene Fläche streifen. Das hier ist Wolfsland und allein die Vorstellung, von zwei neugierigen Augen aus den Schatten heraus angesehen zu werden, löst ein Kribbeln in mir aus. Es wäre nicht meine erste Begegnung mit einem Wolf, doch die Faszination für diese Tiere ist nur noch größer geworden, seitdem ich Jahre zuvor zum ersten Mal in dem Gebiet eines Rudels unterwegs war. Damals habe ich sie nicht gesehen, doch tief im Wald verborgen konnte ich die Welpen spielen hören. Nur das helle, heisere Kläffen und Knurren hat ihre Anwesenheit verraten. Bis zu meiner ersten Wolfssichtung verging noch einige Zeit, und auch ohne dass ich den Moment mit der Kamera festhalten konnte, habe ich ihn bis heute in meinem Kopf, als wäre es gestern gewesen.

Mein Blick bleibt an einem Schatten hängen. Schon wieder. Ich verfluche in Gedanken die Wurzel, die aus dem Boden ragt und meinem Verstand Streiche spielt. Wenn man lange genug die Landschaft nach der Silhouette eines Wolfes absucht, sieht man sie irgendwann. Ein ungeschriebenes Naturfotografen-Gesetz. Doch auch wenn ich in den Streifgebieten der Grauen stets die Augen nach ihnen offen halte – sie sind es nicht, weswegen ich mich seit Stunden von Kiefernnadeln stechen lassen. Mit schwindender Geduld. In der Ferne ertönt ein schrilles Geräusch. Obwohl es noch kilometerweit entfernt ist, verrät es schon, wer sich nähert. Es sind die Kraniche.

Bild links: Viel Wasser bedeutet geschützte Brutplätze für Kraniche.

Den Tag haben sie auf den Wiesen und Feldern der Umgebung verbracht und nach Nahrung gesucht. Ein Streitthema. Denn auch wenn die Kraniche unter dem Verlust ihrer Lebensräume leiden und die landwirtschaftlichen Flächen früher noch ihre Heimat waren, sind sie dort heute nicht unbedingt beliebte Gäste. Auf der Suche nach Nahrung haben sie zwar eine ausgesprochene Vorliebe für abgeerntete Maisfelder, doch auch um Neusaaten machen sie keinen Bogen. Ablenkfütterungen sind eine Möglichkeit, von der alle Seiten profitieren. Die Kraniche können sich stärken, ohne davongejagt zu werden, die Landwirte brauchen sich keine Sorgen um ihre Ernte zu machen und die Kranichbeobachter können den Anblick genießen, ohne lange suchen zu müssen und ohne die Tiere zu stören.

Jetzt am Abend suchen die Kraniche mit dem letzten Licht ihre Schlafplätze auf. Das unverwechselbare Trompeten wird immer lauter. Was sie sich auf ihrem Flug wohl zurufen? Vielleicht trompeten sie so laut, damit es über den Flugwind hinweg nicht zu Missverständnissen kommt, überlege ich.

Die Kraniche und ich

Die Kraniche gehören zu den bekanntesten Bewohnern des Moores. Zu Zehntausenden rasten sie dort während ihres alljährlichen Zuges. In dieser Zeit kann man sie von Beobachtungstürmen und Aussichtspunkten aus entdecken. Zur Brutzeit hingegen führen die Kraniche ein verborgenes Leben. Zurückgezogen in die unwegsamen Bereiche des Moores und in die deckungsreichen Auwälder, bekommt man sie kaum zu Gesicht. Für die scheuen Kranichfamilien sind die fast menschenleeren Landschaften ungemein wichtig. Schon geringe Störungen können zur Aufgabe des Nestes und zum Verlassen der gelegten Eier führen.

Das hat mich bei der Arbeit an diesem Buch vor eine Herausforderung gestellt: Einerseits war es mein Wunsch, die Schönheit und Schutzbedürftigkeit der im Moor lebenden Kraniche zu zeigen, andererseits war es ausgeschlossen, dafür die Störung oder gar Schädigung der Tiere in Kauf zu nehmen. Letztlich entschied ich nach langer Recherche, das Kapitel »Fotografie der Kranichbrut« zu beenden, bevor es angefangen hatte. Das Risiko war es mir nicht wert.

Ein Zufall wendete das Blatt schließlich doch noch: Ohne damit zu rechnen, stand ich im Frühling in einer Beobachtungshütte neben einem stark befahrenen Feldweg und erblickte plötzlich ein brütendes Kranichpaar. Ohne mich oder die Traktoren zu beachten, widmete es sich den Arbeiten an seinem Nest. Ich hätte nicht glücklicher sein können, dass ich an diesem Moment teilhaben konnte. Zwar ohne Moor, aber was die Hauptsache ist: auch ohne Störung.

Bei Sonnenuntergang kehren die Kraniche von ihren Futterplätzen zurück ins Moor zu sicheren Schlafplätzen.

Dank ihrer 130 Zentimeter langen verschlungenen Luftröhre ist es hörbar kein Problem, die nötige Lautstärke zu erreichen.

Meine dahinschweifenden Gedanken werden von den ersten Ankömmlingen unterbrochen. Bei dem Anblick muss ich schmunzeln. So elegant, wie die Kraniche in der Luft fliegend und am Boden schreitend sind, so wenig sind sie es in dem Moment dazwischen. Der erste Kranich hat fast die Erde erreicht. Von seiner vorherigen anmutigen Haltung ist nicht viel übrig geblieben. Seine langen Beine hängen nun nach unten – als hätte er sein Fahrwerk zur Landung ausgeklappt –, mit seinen großen Schwingen versucht er, seinen Anflug zu bremsen, und sein nach unten gestreckter Hals macht den Anschein, als würde er gerade angestrengt darüber nachdenken, wo er landen soll und ob er dafür nicht doch noch zu viel Geschwindigkeit drauf hat.

Mit einem letzten Flügelschlag landet der Kranich. Nach und nach sammeln sich seine Artgenossen um ihn herum. Sie haben als Schlafplatz eine mit Wasser gefüllte Senke ausgewählt. Durch die Spiegelung auf der Wasseroberfläche wirken die Vögel – gemessen an ihrer Körpergröße die größten in der heimischen Vogelwelt – noch imposanter. Dieser Ort schenkt ihnen Schutz vor Feinden. Nicht nur zum Schlafen brauchen die Kraniche das Wasser, sondern auch zum Nisten. Als die Moore noch unsere Landschaften prägten, mangelte es nicht an Nistplätzen. Die feuchten Flächen waren unwegsam, für Menschen genauso wie für Tiere, die den Gelegen gefährlich werden könnten. Heute finden die Kraniche nur noch wenige Gebiete, in denen sie im flachen Wasser geschützt ihre Nester bauen können. Zu viele Moore, Bruchwälder und Seeufer sind für sie verloren gegangen. Zu oft sorgten Trockenheit und Hitze in den letzten Jahren für ausbleibende Bruterfolge. Die Wiedervernässung von zuvor trockengelegten Mooren ist auch für die Kraniche eine Chance.

Seltener Spezialist

Der Hochmoorgelbling

Colias palaeno

Unbarmherzig brennt die Sonne vom Himmel. Unter dem Holzsteg, der sich durch das Moor schlängelt, steht versteckt das Sumpf-Blutauge im kühlen Moorwasser und lockt mit seinen bordeauxroten Blüten nektarsuchende Besucher an. Auf dem Steg verspricht an diesem Sommertag weit und breit kein Fleckchen Schatten Schutz vor der Hitze. Das scheint den Schmetterlingen, die in allen erdenklichen Farben im Sonnenschein schimmern, weit weniger auszumachen als mir. Doch ein in der Ferne gelb leuchtendes Exemplar lässt mich die Erschöpfung, die sich in der Nachmittagshitze allmählich bemerkbar macht, sofort vergessen.

An jedem anderen Ort hätte ich bei diesem Farbschimmer mit einem Zitronenfalter gerechnet. Aber nicht hier, nicht in diesem Hochmoor. Doch so schnell, wie der Falter aufgetaucht ist, ist er auch schon wieder hinter einem Strauch verschwunden. Während ich am Geländer des Stegs stehe und mit den Augen die Umgebung absuche, bin ich gedanklich bei der Art, die mir in den letzten Jahren so oft in Büchern begegnet ist: der Hochmoorgelbling. Unter den Moorbewohnern gehört er zu den Spezialisten. Er ist in seiner Lebensweise so eng mit den Mooren und vor allem der Moorvegetation verbunden, dass er bei uns kaum Aussichten auf ein Leben jenseits des Moorrandes hat. In weiten Teilen Deutschlands kommt er heute nicht mehr vor und für mich war er bisher eine Art lebende Legende. Ein kurzer Blick auf den gelben Farbtupfer hat ausgereicht, um in mir die leise Hoffnung zu wecken, dem seltenen Falter doch noch zu begegnen.

Meine Augen schweifen über das Moor. Dieser Ort ist für ein Hochmoor ungewöhnlich blütenreich. Deshalb tummeln sich hier die Schmetterlinge, die sonst auf den angrenzenden Wiesen nach Nektar suchen würden. Und unter sie mischt sich urplötzlich der gelbe Schmetterling. Der markante dunkle Rand auf seinen Flügeln lässt keinen Zweifel zu: Es ist der Hochmoorgelbling. Direkt neben dem Steg lässt er sich auf einer Blüte des Sumpf-Blutauges nieder, klappt die Flügel zusammen und beginnt, mit seinem Rüssel Nektar zu schlürfen. Ruhig sitzend ermöglicht er mir, die Details zu betrachten, die im Flug verborgen blieben. Die Unterseiten seiner Flügel sind von einem pinken

Bild links: Farbexplosion im Moor: Der Hochmoorgelbling sucht Nahrung auf dem Sumpf-Blutauge.

Rand umrahmt und die beiden hellen Punkte auf dem Vorderflügel und dem Hinterflügel sind dunkel eingefasst. Mit den ebenfalls pinken Fühlern und den grünen Augen wirkt er fast ulkig farbenfroh. Als ein zweiter Falter auf die Blüte zuhält, wird meine Betrachtung jäh unterbrochen. Es ist ein Artgenosse.

Wie zur Begrüßung fliegt der Hochmoorgelbling auf, beginnt den Neuankömmling zu umkreisen. Vielleicht ist es das, was die Entdecker der Art in Erinnerung behalten und bei der Vergabe des wissenschaftlichen Artnamens festgehalten haben. »Palaeno« ist der Name einer Nymphe, die anmutig im Moor tanzt – wie die Hochmoorgelblinge. Es wirkt wie ein Freudentanz über die Begegnung, als sie immer höher dem Himmel entgegenfliegen. Bis zu 30 Meter steigen die Partner bei diesem Schauspiel in die Lüfte auf und paaren sich schließlich in der Moorvegetation.

Für die Ablage der Eier sucht das Weibchen eine spezielle Pflanze. Es ist festgelegt auf die Rauschbeere, ein Zwergstrauch, der dort wächst, wo der Moorboden nicht völlig mit Wasser getränkt ist. Der oft lediglich kniehoch wachsende Strauch ist an die Randbereiche des Moores angepasst. Im durchnässten Kernbereich kann er sich nur auf den trockeneren Erhebungen behaupten. Das Weibchen steuert die graugrünen Blätter der Rauschbeere an, landet und legt nach und nach seine winzigen Eier ab. Aus ihnen werden Larven schlüpfen, die die Oberseite der Blätter abnagen, sodass das Licht an diesen Stellen hindurchfallen kann und die netzartige Blattaderung sichtbar wird. Fensterfraß wird das genannt. Erst im nächsten Jahr, nachdem sich die Raupen groß gefuttert und mehrmals gehäutet haben, verpuppen sie sich. Aus diesen Puppen, die gut getarnt an Zweigen hängen, schlüpfen sie als Falter.

Doch bis zu diesem Moment ist es ein weiter Weg und immer weniger Nachkommen leben lange genug, um am Ende ihre Flügel öffnen zu können. Der Hochmoorgelbling gilt heute als stark gefährdet, seine Bestände schwinden. Durch Entwässerung und Dürreperioden ist es in den Hochmooren trockener geworden. Paradoxerweise ist das oftmals gut für die Rauschbeere und gleichzeitig verheerend für den Gelbling. Nimmt die Feuchtigkeit in Böden ab, die für den Strauch vormals zu feucht waren, verbessert das im ersten Moment seine Ausbreitungsmöglichkeiten. Zumindest kurzfristig, bevor sich auch Gehölze ansiedeln und der Rauschbeere das Licht rauben. Die Raupen des Hochmoorgelblings sind hingegen nicht nur auf die Blätter der Rauschbeere angewiesen, sondern genauso auf feuchte Böden. Forschende

Die Rauschbeere ist eine wichtige Nahrungsquelle für Insekten im Moor. Die Blüten werden von Faltern genauso aufgesucht wie von Schwebfliegen und Wildbienen. Zudem dient sie als Futterpflanze für die Raupen von zum Beispiel Hochmoorgelbling und Kleinem Nachtpfauenauge.

fanden heraus, dass es dort, wo die wie Schwämme wirkenden Torfmoospolster den Boden bedecken, weniger als 50 Eier braucht, damit sich daraus zwei Falter entwickeln können. An trockenen Standorten sind es mehr als 500. Ein Weibchen legt allerdings nur rund 150 Eier und so schwinden die Bestände. Hinzu kommt, dass oftmals allein die Moore geschützt werden, nicht aber die blühenden Wiesen, die sie umgeben. Die Überdüngung verwandelt sie vielerorts in monotone, blütenarme Flächen, die den Faltern keine Nahrung mehr bieten.

In diesem Gebiet ist es anders. Es ist ein buntes Mosaik aus Torfmoosteppichen, aus den graugrünen Sträuchern der Rauschbeere, aus knorrig wachsenden Moorkiefern und aus den bunten, blühenden Wiesen. Die Begegnung mit dem Hochmoorgelbling hat mich für kurze Zeit vergessen lassen, welchem Schicksal er vielerorts gegenübersteht. Wir brauchen dringend mehr dieser Lebensräume, dringend mehr Inseln wie diese für den Hochmoorgelbling.

Ein Sprung wie geflogen

Die Sumpfschrecke

Stethophyma grossum

»Tick-tick-tick-tick-tick«. Es ist Spätsommer und die Melodie des Moores hat sich verändert. Das helle Knacken, das im gleichmäßigen Rhythmus aus den hohen Gräsern ertönt, klingt allerdings mehr nach einem unter Strom stehenden Weidezaun als nach dem Gesang eines Tieres. »Tick-tick-tick-tick-tick«. Langsam nähere ich mich dem Geräusch. Etwas anderes als ein Zaun muss der Grund dafür sein. Das verrät nicht nur die Stille zwischen den Knackabfolgen, sondern auch die Tatsache, dass in der offenen Landschaft weit und breit kein größeres Tier zu sehen ist.

Ein langer Grashalm bewegt sich. Und das, obwohl absolute Windstille herrscht. Als ich in die Knie gehe, bemerke ich ein Paar Fühler, die hinter dem Grashalm hervorragen. Unterhalb davon verraten lange Schenkel ihren Besitzer als ausgezeichneten Springer. Neben einer Reihe schwarzer Dornen erstreckt sich darauf ein rotes Band – ein auffälliger Farbtupfer inmitten einer Umgebung, in der sich zu dieser Jahreszeit ein Grünton mit dem nächsten vermischt. Es ist ein Sumpfschrecken-Männchen auf der Suche nach einer Partnerin, von dem das ungewöhnliche Geräusch stammt.

Kaum acht Wochen dauert das Leben der erwachsenen Sumpfschrecke. Gesetzt den Fall, sie landet nicht in den Fängen eines hungrigen Feindes. Gerade genug Zeit, um eine neue Generation auf den Weg zu bringen. Das auf dem Halm sitzende Männchen hat seinen Gesang wieder aufgenommen. Ein Bein und ein Flügel dienen ihm als Instrumente. Immer wieder schleudert es sein Hinterbein zurück und streift mit darauf sitzenden Dornen über eine Ader in seinem Flügel. Die aneinandergereihten Laute – als würde man mit den Fingernägeln knipsen – sind mehrere Meter weit hörbar. Doch der Erfolg bleibt aus.

Vielleicht hätte das Männchen in einem anderen Abschnitt der Wiese mehr Glück. Obwohl die Sumpfschrecke mit bis zu vier Zentimeter Körperlänge zu den größten unserer heimischen Schrecken zählt, bleibt die Weite der Wiese für sie ein schier unüberwindbares Hindernis. Aber vielleicht kann sie es heute probieren: Nachdem die Regenfälle der letzten Zeit ihrem Unterfangen im Wege standen, beschert der Spätsommer ihr am heutigen Tag Sonnenschein.

Bild links: Die Sumpfschrecke wartet mit Farbe auf: Aus dem richtigen Blickwinkel fallen ihre unterseitig rotorange gefärbten Unterschenkel sofort auf.

Die Sumpfschrecke positioniert sich auf dem Grashalm und setzt zum Sprung an. Kein gewöhnlicher Sprung, ein Flugsprung. Bei gutem Wetter kann das Männchen mit nur einem Flugsprung bis zu 40 Meter zurücklegen. In Windeseile hat es auf diese Weise den Rand der Wiese erreicht. Dort ist der Boden feucht, gespeist vom angrenzenden Moor. Sumpfried mischt sich mit Wollgräsern und aus der Vegetation ertönt das Konzert seiner Artgenossen.

Nah am Boden sitzt eine Sumpfschrecke, die sich durch eine tiefrote Zeichnung von den anderen Heuschrecken unterscheidet. Es ist ein Weibchen. Vielleicht wird es die Partnerin des Neuankömmlings. Dann wird es nach der Paarung die Eier in einem Kokon im Boden platzieren. Die Bedingungen dafür sind optimal. In Mooren und auf Feuchtwiesen finden die Sumpfschrecken den feuchten Boden, den sie mehr brauchen als alle anderen heimischen Heuschreckenarten. Wo Wiesen selten gemäht und bestenfalls gar nicht gedüngt werden, wo keine Gräben das Wasser aus dem Moor führen und wo Flüsse die Auenlandschaften speisen, da hat die Schrecke ihre Heimat.

Nur acht Wochen Erwachsensein und eine unglaubliche Sprungkraft:
Die Sumpfschrecke führt ein extremes Leben.

Je größer das Nahrungsangebot ist, desto mehr Kokons fertigt die Wespenspinne an.

Wo Netze die Anwesenheit der Wespenspinne verraten, sollten sich Heuschrecken in Acht nehmen.

Der Sumpf-Grashüpfer bewohnt feuchte bis nasse Gebiete, darunter auch Hoch- und Niedermoore.

Die Gefleckte Keulenschrecke bevorzugt trockenere Bereiche im Moor, die nur schwach bewachsen sind.

Wanderin zwischen den Welten

Die Schwarze Heidelibelle

Sympetrum danae

Weit entfernt vom nächsten Gewässer sitzt eine Libelle im dichten Geäst. Sie hat den windgeschützten Rand des Moorwaldes aufgesucht, um zu reifen. Erst am vorherigen Tag hat sie als Larve das Wasser verlassen, ist die Ufervegetation emporgeklettert, um zum ersten Mal ihre Flügel zu öffnen. Nur die Exuvie – ihre Larvenhülle – ist an diesem Ort zurückgeblieben und bezeugt die beeindruckende Verwandlung, die die Libelle vollzogen hat. Es war ein Kraftakt für die Libellenlarve, ihre alte Haut zu durchbrechen und sich anschließend durch die entstandene Schlupföffnung zu schieben. Während sie sich an Land aus der Haut herauskämpfte, war für sie auch die Zeit gekommen, ihre Atmung umzustellen. Unter Wasser hatte sie mit ihrem Hinterleib geatmet: Über im Enddarm sitzende Kiemen nahm sie mit dem Wasser den Sauerstoff auf, Darmatmung wird das genannt. Beim Schlüpfen trennte sich nun die Verbindung zu den Darmkiemen und die Libelle begann über kleine Öffnungen an ihrer Brust zu atmen.

Bei der auf dem Ast sitzenden Libelle handelt es sich um eine Schwarze Heidelibelle. Nachdem sie ihren ersten Flug vollführt hatte, musste sie noch vollständig aushärten. Obwohl es nicht so scheint, ist die Libelle noch nicht erwachsen. In den nächsten zwei Wochen findet ihre Reifezeit statt. In dieser Zeit lebt sie abseits der Gewässer und verändert deutlich ihre Färbung. Gerade besitzt das junge Libellenmännchen noch eine leuchtend gelb-schwarze Zeichnung. Mit der Zeit wird die Farbe verschwinden und es wird, wenn es geschlechtsreif ist, komplett schwarz sein. Die namensgebende Färbung macht das Männchen unverwechselbar. Der dunkle Körper bringt der Libelle vermutlich einen Vorteil: Von der Sonne schneller erwärmt, kann sie auch bei niedrigen Temperaturen fliegen und so geeignete Jagdreviere aufsuchen oder Feinden entkommen.

Mit einer Körperlänge von knapp dreieinhalb Zentimetern ist die Schwarze Heidelibelle eine der kleinsten heimischen Großlibellen. Sie ist eine Ansitzjägerin: In der Nähe des Bodens sitzt sie und wartet auf eine Gelegenheit, sich ihre Beute zu schnappen. Als ausdauernde Fliegerin legt die Libelle weite Strecken zurück – bis zu 40 Kilometer. In welchem Zeitraum sie diese

Bild links: Die Sonne wärmt die Schwarze Heidelibelle aufgrund ihrer dunklen Farbe schneller auf. So kann sie bei niedrigeren Temperaturen relativ schnell aktiv sein.

Distanz zurücklegt, ist zwar nicht abschließend geklärt, aber in jedem Fall ist sie auf diese Weise in der Lage, neue Gebiete zu besiedeln, und ist dadurch unabhängig von ihrem Geburtsgewässer.

Als Imago – als geschlechtsreifes Insekt – endet das Leben der Schwarzen Heidelibelle im Schnitt schon nach 40 Tagen. Die kurze Zeit will effizient genutzt werden. Abseits des Gewässers treffen sich die Libellen zur Paarung. Rund 15 Minuten dauert sie, leicht erkennbar am herzförmigen Paarungsrad. Danach begibt sich das Paar im Tandem auf den Weg zum Wasser. Dort legt das Weibchen die Eier ab. Aus dem Flug werden sie auf Torfmoospolstern oder in den seichten Uferbereichen platziert.

Aufgrund ihrer Vorliebe für saure, nährstoffarme Gewässer gehört die Schwarze Heidelibelle zu den Bewohnern der Moore und ist vom Schutz der Moore abhängig. Sogar im sehr sauren Wasser der Hochmoore entwickelt sich der Nachwuchs erfolgreich. Wenngleich er dabei viel Wärme benötigt, kann Trockenheit zur Gefahr werden. In ausgetrockneten Gewässern überleben die Larven nur kurze Zeit im Schutz von feuchtem Schlamm oder Torfmoos. Die Schwarze Heidelibelle kam bei uns ehemals häufig vor. Mittlerweile ist sie eine seltener werdende Kostbarkeit und ein Symbol für die Wichtigkeit des Moorschutzes.

In ihrem kurzen Leben paaren sich die Libellen mehrmals täglich und das Weibchen legt am Tag bis zu 1500 Eier ab. Erst nach der Überwinterung schlüpfen im nächsten Frühjahr daraus die Larven. Bereits im Wasser sind sie geschickte Jäger: Haben sie ein kleines Insekt entdeckt, schnellt ihre Fangmaske – die stark verlängerte Unterlippe – hervor und packt die Beute. Bis zum Sommer wachsen die Larven und häuten sich dabei bis zu elf Mal. Zwischen Juli und August erobern sie schließlich das Land, um den Grundstein für eine neue Generation zu legen.

Bilder links:

Oben: Die Blutrote Heidelibelle ist ein Allrounder. Da sie recht anspruchslos bei der Wahl ihres Lebensraums ist, können wir sie in verschiedenen Lebensraumtypen finden. Die Art gilt in ihrem Bestand als nicht gefährdet. Besonders häufig treffen wir sie an stehenden Gewässern wie Teichen oder an Moorgewässern. Aber auch an Gräben oder langsam fließenden Bächen siedelt sie sich an.

Unten links: Hochmoore gehören zu den bevorzugten Lebensräumen der Nordischen Moosjungfer. Ihre Eier legt sie zwischen Torfmoosen ab und ist daher auf einen reichhaltigen Moosbestand angewiesen.

Unten rechts: Die jüngeren Männchen der Schwarzen Heidelibelle sind sehr viel farbenfroher gefärbt als die älteren.

Jägerin auf dem Wasser

Die Gerandete Jagdspinne *Dolomedes fimbriatus*

Kleine Wellen kräuseln sich auf dem dunklen Moorauge. Kaulquappen des Moorfrosches weiden den Algenteppich ab, der ein Stück Holz überzogen hat, und versetzen das Wasser dabei in Schwingungen. Die Bewegungen bleiben nicht unbemerkt. Am Gewässerrand lauert eine Jägerin und wartet nur auf eine passende Gelegenheit.

Nichtsahnend schwimmen die Kaulquappen direkt unter der Wasseroberfläche und bemerken die herannahende Gefahr nicht: eine Jagdspinne. Helle Streifen säumen den untersetzten Körper der Spinne. Es handelt sich um die Gerandete Jagdspinne, die ihr Leben zwischen den Elementen führt. In diesem Moment verlässt sie die Deckung der Ufervegetation, wo sie auf der Wasseroberfläche gelauert hat. Mit ihren Vorderbeinen hat sie die Wellenbewegungen registriert, die noch immer vom Froschnachwuchs ausgehen. Die Jagdspinne trägt eine dichte Körperbehaarung, die es ihr ermöglicht, über das Wasser zu laufen. Ihre Fortbewegung erinnert an einen Wasserläufer: In rudernden Bewegungen zieht sie abwechselnd das zweite und dritte Beinpaar nach hinten und bewegt sich so vorwärts.

Stück für Stück nähert sich die Jagdspinne. Der Erfolg ist zum Greifen nah, als die Kaulquappen eine nach der anderen in die Tiefe verschwinden. Ob sie die Gefahr bemerkt haben? Oder haben sie genug der Algen gefressen? Doch statt kehrtzumachen und auf die nächste Gelegenheit zu warten, beschleunigt die Spinne ihre Geschwindigkeit noch. Sie galoppiert. Eine Gangart, die nicht alle Spinnen beherrschen und die es ihr ermöglicht, fünffach schneller als beim Rudern ihre Beute anzusteuern. Und dann taucht sie ab, den Kaulquappen hinterher. So schnell, dass ich den Moment mit einem Blinzeln verpasst habe. Es dauert nicht lange, bis eine Luftblase emporsteigt. An der Wasseroberfläche angekommen, platzt sie auf und entlässt eine trockene Spinne. In ihren Giftklauen hält sie eine Kaulquappe, kaum kleiner als sie selbst.

Die Fähigkeit abzutauchen, verschafft der Jagdspinne einen Vorteil. Auf diese Weise ist sie in der Lage, nicht nur Insekten zu erbeuten, sondern neben Kaulquappen auch kleine Fische. Und wenn Gefahr droht, bringt sie sich kurzerhand in ihrer Luftblase am Gewässergrund in Sicherheit. Sogar

Bild links: Die Gerandete Jagdspinne gehört zu den größten heimischen Spinnen. Ihre Beute fängt sie nicht mit Netzen, sondern frei jagend.

Die Gerandete Jagdspinne lebt auch in Bruchwäldern, auf Feuchtwiesen oder im Uferbereich von Gewässern.
Bild rechts oben: Zwischen niedrigen Büschen und stabilen Gräsern webt die Schilfradspinne ihr Radnetz.

Weibchen, die im Sommer einen Kokon mit bis zu 1000 Eiern mit sich tragen, können samt den Nachkommen abtauchen. Daneben nutzt die Jagdspinne den Galopp auch, um Feinden zu entkommen. In diesem Fall verwirrt sie den Angreifer mit einem senkrechten Sprung in die Höhe, der ihr die Möglichkeit verschafft, unbemerkt von dannen zu rennen.

Die erfolgreiche Jägerin hat sich wieder in die Ufervegetation zurückgezogen. Ihre Beute hat sie mit einem Giftbiss getötet und widmet sich nun dem reichhaltigen Mahl.

Bilder unten:

links: Über einem Netzteppich spannt die Baldachinspinne Stolperfäden, die Fluginsekten zum Absturz bringen sollen. Herabfallende Insekten attackiert sie mit einem tödlichen Biss durch das Gespinst hindurch.

rechts: In feuchten Lebensräumen fühlt sich die Listspinne wohl. Deswegen ist sie auch in Mooren, vor allem im Randbereich, zu finden. Das Weibchen trägt seine Eier in einem Kokon mit sich herum. Kurz vor dem Schlüpfen errichtet es ein kuppelförmiges Netz, befestigt den Kokon darin und bewacht ihn.

Tödliche Tentakel

Der Sonnentau

Drosera

Nur Überlebenskünstler besiedeln die urtümlichen Hochmoore. Wer sich dort behauptet, hat Einfallsreichtum bewiesen. Die Torfmoose sind die ungekrönten Herrscher im Moorreich und imstande, die anderen Pflanzen zu unterdrücken. Nur wenige von den vielen Torfmoosarten können eine so unwirtliche Landschaft erschaffen, in der sie auf den nassen, nährstoffarmen und sauren Untergründen kaum Konkurrenz zu befürchten haben. Manche Pflanzen konnten sich Strategien aneignen, um trotz der Dominanz der Torfmoose ihren Platz im Moor zu haben. Eine von ihnen ist der Sonnentau.

Seine Schönheit offenbart sich bei genauem Hinsehen. Er ist ein Winzling, den man sogar unmittelbar am Wegesrand wachsend leicht übersieht. Auf den Streifzügen durchs Moor sind es die Stellen, an denen der Sonnentau dicht an dicht wächst, die die Aufmerksamkeit wecken. Oft handelt es sich um nackte Torfböden, die durch das Austrocknen von Wasseransammlungen, das Anschütten von Dämmen oder die Anlage von Wegen im Moor entstanden sind. Es ist das Rot der Tentakel, an dem der Blick hängen bleibt. Sonnentau-Rot.

Unzählige Tentakel sitzen an den Blättern und sie alle sind bestückt mit im Sonnenschein schimmernden Tropfen. Es ist eine trügerische Schönheit. Keine andere Pflanze im Moor hat mehr Leben auf dem Gewissen als der Sonnentau, denn der Sonnentau ist eine karnivore Pflanze, eine Fleischfresserin. Bewegungslos geht sie auf die Jagd. Angelockt von seinem Schimmern fliegen und krabbeln Insekten auf den Sonnentau zu. In der Erwartung eines Tautropfens tappen sie zielgerichtet in die Falle. Zu spät merken sie: Die Tropfen sind kein Tau, sondern ein klebriges Sekret, Köder und Waffe in einem. Die Pflanze reagiert auf ihren Jagderfolg: weniger wegen der Berührung als vielmehr wegen der chemischen Botschaft, die sie erreicht. Das um seine Freiheit kämpfende Insekt sondert Substanzen ab – der Reiz, den die Pflanze braucht, um ihre Falle zu schließen. Hat sich eine Fliege oder ein Grashüpfer verfangen, rollt der Sonnentau das Blatt auf, die Tentakel schließen sich um die Beute, das Sekret hüllt sie ein und die darin enthaltenen Verdauungsenzyme lösen das Insekt auf, bis nur noch sein Chitinpanzer übrig ist. Der Sonnentau hat es auf den zum Wachsen benötigten Stickstoff

Bild links: Intensive Farben und eine spannende Geschichte: Der Mittlere Sonnentau gehört zweifelsfrei zu den eindrucksvollsten Entdeckungen im Moor.

abgesehen. Was die kargen Hochmoorböden der Pflanze nicht bieten, nimmt sie sich von den Beutetieren.

Auf moosbedeckten Böden ist Wachstum für den Sonnentau überlebenswichtig. Nur Gewächse, die in der Lage sind, mit dem Höhenwachstum der Torfmoose mitzuhalten, bestehen im Moor. Das Ziel ist es, sich in den oberen, sauerstoffreichen Schichten zu behaupten, denn darunter schwinden für Pflanzen mit dem Sauerstoffmangel auch die Überlebenschancen. Der Sonnentau beendet jedes Jahr mit der Bildung einer Endknospe. Sie wächst gemeinsam mit dem Torfmoos nach oben und in jedem Jahr entsteht über dem alten Wurzelstockwerk ein neues. Während der untere Teil der Pflanze mit der Zeit Bestandteil der Torfschicht wird, wächst der Sonnentau in der obersten Bodenschicht, wo das Atmen noch möglich ist, weiter.

In Mitteleuropa sind drei Sonnentau-Arten heimisch: der Rundblättrige Sonnentau, der Mittlere Sonnentau und der Langblättrige Sonnentau. Doch unter den fleischfressenden Pflanzen sind sie nicht alleine. Während das Fettkraut an Land Beute macht, fangen Wasserschlauch und Wasserfalle unter Wasser kleinste Tiere.

Wie entstehen Irrlichter im Moor?

Im Moor auflodernde Flämmchen beflügeln seit jeher die Fantasie der Menschen. Dem Volksglauben nach handelt es sich um die Seelen im Moor Verstorbener, um die Geister nicht getaufter Kinder oder um das Werk von Kobolden und Naturgeistern. Überwiegend eint die Deutungen, dass man es mit unheilverkündenden bis bösartigen Erscheinungen zu tun hat, die mit ihrem Licht etwa Reisende ins Verderben des gefährlichen Moores locken sollen.

Die Wissenschaft hat zwei Erklärungen für die Irrlichter: Es könnte von dem Licht biolumineszenter Lebensformen stammen. Demnach haben Glühwürmchen oder Pilze möglicherweise für die Sichtungen gesorgt. Es könnte sich aber auch tatsächlich um Flammen handeln. In den Mooren entstehen Faulgase – kommen sie in Berührung mit Sauerstoff, können sie sich entzünden. Wenngleich es mögliche Erklärungen für die gesichteten Irrlichter gibt, gestaltet sich die Erforschung in der Natur doch schwierig. Zu unstet sind die rätselhaften Erscheinungen, die ebenso schnell verschwinden, wie sie aufgetaucht sind.

Bilder rechts: Die drei heimischen Sonnentauarten:
Der Mittlere Sonnentau (oben) – diese Heuschrecke konnte sich aus seinen Fängen befreien.
Der Langblättrige Sonnentau (unten links) – seine Blätter können fast zehn Zentimeter messen.
Der Rundblättrige Sonnentau (unten rechts) – wo es passt, bildet er große Bestände aus.

Weiße Wattebäusche wippen im Wind

Das Wollgras

Eriophorum

Tief steht die Sonne über dem Moor und das letzte Licht des Tages taucht die Landschaft in ein warmes Rot. Nach der Hitze, die für einen Tag im Spätfrühling ungewöhnlich brütend war, ist selbst der sanfte Windhauch eine Wohltat. Das Moor könnte an diesem Abend nicht weiter entfernt sein von dem schaurigen Bild, das Sagen und Gruselgeschichten einst zeichneten. Wie Wattebäusche schwingen die Wollgräser hin und her, ein spektakuläres Naturschauspiel.

Das Moor blüht weiß, heißt es. Doch die Blüte des Wollgrases ist schon vorüber. Vor wenigen Wochen konnten aufmerksame Spaziergänger im Moor noch die unscheinbaren gelblichen Blütenstände entdecken. Seitdem sind sie förmlich explodiert, haben sich in Fruchtstände verwandelt. Im Inneren der Bäusche sitzen Samen. Bald wird der Wind sie in alle Himmelsrichtungen verteilen. Die weißen, langen Fäden dienen ihnen als Flugapparate – Schirmchenflieger, wie sie auch der Löwenzahn besitzt. Mit ihnen erobern die Wollgrassamen selbst kilometerweit entfernte Moorbereiche und Bruchwälder. Landen sie auf dem Wasser, dienen ihnen die Fäden zugleich als Schwimmhilfe, mit der sie an Land treiben und dort keimen können.

Das Wollgras spielt eine Schlüsselrolle im Moor, und das seit Jahrtausenden. In den Torfschichten sind die Reste aus längst vergangenen Zeiten sichtbar. Die langen Stängel prägen die Struktur des Fasertorfs und tragen zum Emporwachsen des Moores bei. Heute bieten die Blüten des Wollgrases im Frühling Insekten wertvolle Nahrung inmitten der blütenarmen Naturräume. Es gibt sogar Spezialisten unter ihnen, die ganz auf das Vorkommen der Gräser angewiesen sind: die Wollgras-Wippmotte oder die Moorkäferzikade. Es sind Arten, die nur dort leben, wo das Wollgras alljährlich seine Büschel bildet.

Fünf Arten kommen in Deutschland vor. Neben dem Scheidigen Wollgras ist es vor allem das Schmalblättrige Wollgras, das wir auf Streifzügen durch unsere Moore entdecken können.

Das Schmalblättrige Wollgras durchzieht in langen Ausläufern den Boden. Dicht an dicht bildet es Rasen, aus denen im Frühsommer ein weißes Meer

Bild links: Die Samenstände des Wollgrases verwandeln das Moor in eine Wunderwelt.

entsteht. Gleich mehrere Wollbüschel hängen bei dieser Art nickend nebeneinander im Wind. Torfmoosen dient das Wollgras als Anker. Allmählich wachsen die Moose in die Höhe und machen dem Wollgras den Platz streitig. Dann ändert das Gras seine Strategie: Statt sich seitlich auszubreiten, wächst es nun übereinander gelagert. Ein Stockwerkwuchs, bei dem die unteren Stockwerke mit dem Entstehen neuer Stockwerke absterben und zu Torf werden.

Das Scheidige Wollgras trägt am Ende des Stängels nur ein aufrecht stehendes Wollköpfchen. Es blüht früher im Jahr als sein Verwandter und ist in wiedervernässten Mooren oft einer der ersten Neubesiedler. Mit der Zeit bildet es dichte Bulten, die bei Trockenheit auffällig in die Höhe ragen.

An diesem Frühlingsabend lassen die Regenfälle der letzten Wochen die Bulten nur undeutlich erkennen. Im dunklen Moorwasser spiegelt sich das Wollgras.

Bilder rechts: Die Blüte des Scheidigen Wollgrases (oben) ist sehr viel unscheinbarer als sein berühmter Samenstand. In dichten Horsten wächst dieses Wollgras und dient damit auch Torfmoosen als Anker (unten).

Die Samenstände des Schmalblättrigen Wollgrases sind besonders ausgefallen geformt.

Die Gewöhnliche Moosbeere *Vaccinium oxycoccos*

Es ist Spätsommer im Moor. Die Hitze der letzten Woche hat auch dort ihre Spuren hinterlassen. Zu Beginn des Jahres war noch Wasser im Überfluss vorhanden. Bei starken Regenfällen kapitulierten sogar die bereits vollgesogenen Torfmoosteppiche, sodass kleine Rinnsale über die angelegten Dämme am Rand des Moores auf die dahinterliegenden Wiesen flossen. Jetzt liegt der letzte Regen schon lange zurück und der Wasserstand im Moor ist sichtbar gesunken. Die Torfmoose, die in sanften Hügeln die Stümpfe ertrunkener Bäume überdecken, verlieren bereits allmählich ihre Farbe. Sie werden bleich, fast als würde die Trockenheit sie in Skelette verwandeln. Bleichmoose werden sie genannt und lassen die sonst mit Leben gefüllten Moorgewässer wie Wüsten erscheinen. Beim nächsten Regenschauer werden sie sich erholen, ihre Farbe wird mit der Aufnahme der Niederschläge zurück zu Grün wechseln. Doch ich frage mich: Wie lange können die Moose die Trockenheit überstehen und wann nehmen die für das Moor überlebenswichtigen Teppiche Schaden?

Noch verzieren Farbtupfer die hellen Moospolster, zeigen, wie viel Leben in den scheinbar ausgetrockneten Moorböden steckt. Leuchtend rote Kügelchen liegen auf den Böden verteilt und es könnte sich um Kirschen handeln, wären sie nicht an dünnen Fäden aufgereiht. Es sind die reifen Früchte der Moosbeere, ein Zwergstrauch, der in Reaktion auf die widrigen Bedingungen im Moor seine Gestalt angepasst hat. An einen Strauch erinnert nichts mehr. Seine Stämme ranken in Form der Fäden bis zu einen Meter über das Torfmoos hinweg. Es ist die Strategie der Moosbeere, um nicht überwachsen zu werden. Indem sie sich langgestreckt auf dem Boden bettet, hebt das in die Höhe wachsende Torfmoos sie mit sich empor.

Neben den Stämmchen wirken auch die Blätter der Moosbeere wie geschrumpft. Nur wenige Millimeter messen sie, vermutlich ein »Hungerwachstum«, ausgelöst durch den Mangel an Stickstoff. Angepasst an den Standort, geht die Moosbeere eine Symbiose mit Pilzen ein. Im Boden versteckt, umhüllen die Pilzfäden ihre Wurzeln und verbessern die Aufnahme der wenigen Nährsalze.

Bild links: Die Gewöhnliche Moosbeere ist Raupenfutterpflanze etwa des Hochmoor-Bläulings.

Auch bei der Bildung der Beeren brauchte die Moosbeere Hilfe. Ab Juni blüht sie und wächst allein in dieser Zeit ein Stück in die Höhe. Ein filigraner »Schwanenhals« hebt die rosa Blüten der Sonne entgegen. Bis zu 18 Tage dauert die Blütezeit und gehört damit zu den Spitzenreitern in der heimischen Pflanzenwelt. Der Grund wird in der geringen Zahl im Moor lebender Insekten vermutet. In diesem Lebensraum muss die Pflanze mitunter lange darauf warten, dass eine Wildbiene auf der Suche nach Blütenpollen vorbeifliegt. Sind die Blüten länger geöffnet, steigt die Wahrscheinlichkeit, dass ein Besucher sie bestäubt.

Glückte die Bestäubung, bieten die Beeren nicht nur Vögeln Nahrung. Schon vor langer Zeit sammelten auch Menschen Moosbeeren. Aufgrund des sauren Geschmacks und des Vitamin-C-Gehalts trägt sie zurecht den Beinamen »Zitrone des Nordens«. Die heimische Moosbeere ist etwas in Vergessenheit geraten, doch ihre amerikanische Verwandte ist als »Cranberry« weltbekannt.

Bilder rechts: Beeren und Blüten der Moore: Preiselbeere (oben), Moosbeere (unten links) und Heidelbeere (unten rechts)

Bis zu 18 Tage lang blüht die Gewöhnliche Moosbeere.

Wasser und Eis zum Trotz

Die Moorbirke

Betula pubescens

Ein lichter Wald begrüßt die Besucher des Moores. Er umschließt die baumlose Weite und beherbergt die Sagengestalten längst vergangener Zeiten. Wenn im Herbst der Nebel zwischen den bleichen Stämmen wabert, die bunten Blätter im Wind rascheln und die Überreste der ertrunkenen Bäume aus dem dunklen Moorwasser ragen, sind die Geschichten zum Greifen nah.

Das Moor ist ein für Bäume lebensfeindlicher Ort. Das aufgewölbte Zentrum des Hochmoores beherbergt lediglich Zwergsträucher, die sich auf die trockeneren Erhebungen gerettet haben. Erst wo die extrem nährstoffarmen Torfböden in die etwas nährstoffreicheren Randbereiche übergehen, beginnt das Reich der Moorbirke. Zeitgleich mit dem Entstehen der mitteleuropäischen Moore wuchs vor etwa 12000 Jahren auch die Birke in der nacheiszeitlichen Landschaft empor. Lichte Wälder entstanden, in die bald auch andere Baumarten zurückkehrten.

Dieser Konkurrenz konnte die Moorbirke nicht standhalten. Schnell wurde es ihr in den Wäldern zu schattig. Heute spielt die Birke dort eine Nebenrolle, hat nur dann kurze Auftritte, wenn Menschen oder Naturkatastrophen die Wälder auflichten. Als Pionierbaumart bereiten sie den Weg für den Neubeginn der Waldentwicklung.

In diesem Moor ist die Moorbirke die Herrscherin. Nur die Moorkiefer steht an ihrer Seite und trotzt ebenfalls den unwirtlichen Bedingungen. Es sind Orte wie dieser, an denen die Moorbirke Jahrtausend für Jahrtausend ihren Standort behaupten kann. Der Boden ist zu nass für andere Baumarten, so sind neben den Moorwäldern ebenfalls Bruch- und Auenwälder zu ihrer Heimat geworden. Doch nicht nur der Nässe hält sie Stand – auch der Kälte. Bei uns sind es die schattigen Nordhänge der Gebirge, an denen die Moorbirke diese Fähigkeit ausspielen kann und kaum Konkurrenz hat. Sogar Temperaturen unter minus 40 °C erträgt sie, indem sie in ihrem Inneren Stärke in Öl umwandelt und sich mit der dabei entstehenden Wärme vor dem Erfrieren schützt. So klettert sie hoch in die Gebirge und wandert weit in den Norden.

Bild links: Die Moorbirke ist eine klassische Pionierbaumart.
Charakteristisch für solche Arten ist die Produktion von zahlreichen Samen, um Kahlflächen möglichst schnell und sicher zu erschließen.

Die herbstlichen Regenschauer haben den Moorwald gefüllt. Ein schmatzendes Geräusch begleitet die Schritte auf dem schmalen Weg, der sich zwischen den Bäumen hindurch schlängelt. Die Moorbirke steht zu dieser Zeit mit den Füßen im Wasser. In ihrer Rinde sind Betulin-Kristalle eingelagert und färben sie weiß. Die Kristalle reflektieren das Licht und schützen die Birke vor einer Überhitzung. Gleichzeitig verhindern sie, dass Wasser in die Rinde eindringt. Früher machten sich die Menschen das zunutze, deckten Dächer mit der Birkenrinde und fertigten damit wasserfeste Boote.

Obwohl die Birke ihre Wurzeln in diesem Wald nur etwa 40 Zentimeter tief in den Moorboden verankert, befinden sie sich nun unter Wasser. Eine Zeit lang arrangiert sie sich damit, doch dauerhaft wäre es auch für die Moorbirke das Todesurteil. Dieses Schicksal hat ihre Verwandten weiter im Moorinneren ereilt. Von den Birken, die auf den durch Entwässerungsgräben trockengelegten Böden wachsen konnten, sind nur noch die Stümpfe übrig. Die Bäume sind der Wiedervernässung zum Opfer gefallen. Als die Gräben verschlossen wurden, stieg das Wasser auf seinen natürlichen Stand – hoch genug, damit die Torfmoose wieder die moortypischen Teppiche bilden konnten, zu hoch für die Moorbirken.

In den Randbereichen des Moores profitieren die Birken von der Wiedervernässung. Die Niederschläge in der kalten Jahreszeit und die Trockenheit in der warmen Jahreszeit sorgen in diesem Wald seit jeher für wechselnde Wasserstände. Die langen Dürreperioden der letzten Jahre haben der Moorbirke nun zu schaffen gemacht, denn ihr flaches Wurzelsystem kann sich nur schlecht an veränderte Gegebenheiten anpassen. Lange Trockenheit kann ihr ebenso zum Verhängnis werden wie dauerhafte Überschwemmungen. Zumindest ein Stück weit sorgt das wiedervernässte Moor auch hier im angrenzenden Wald für einen ausgeglichenen Wasserhaushalt.

In unseren Breiten sind Moorbirkenwälder wie dieser selten geworden. Ihre Trockenlegung ist mit Blick auf die Klimakrise ebenso schwerwiegend wie mit Blick auf die Biodiversitätskrise. Die Moorwälder sind artenreiche Lebensräume, Insekten und Pilze sind auf die Birken spezialisiert und früher wohnte das Birkhuhn in den lichten Wäldern der Moorränder. Die Renaturierung der Moorflächen ist auch eine Chance für eine Rückkehr der Spezialisten des Moorwaldes.

Moorkiefer

Sie gehört zu den seltensten unserer heimischen Baumarten und prägt trotzdem vielerorts das Gesicht der Moore: Der Schwarzwald und das Alpenvorland, der Harz, das Erzgebirge und die Lausitz sind Orte, an denen wir der Moorkiefer begegnen. Neben der Moorbirke ist sie einer der wenigen Bäume, die unter den Extrembedingungen rund ums Moor Wurzeln schlagen können.

Bekannt ist die Moorkiefer auch als Moor-Bergkiefer oder Moor-Spirke. Mal wächst sie aufrecht als Baum, mal am Boden liegend in Kugelform. Offenbar nimmt ihre Höhe mit zunehmender Nässe ab und so wächst sie insbesondere in der Nähe der Mooraugen kugelig. Bei den verwandtschaftlichen Details scheiden sich allerdings die Geister und wissenschaftlich ist noch nicht geklärt, ob es sich bei diesen Varietäten um eine einzige Art *(Pinus mugo subsp. rotundata)* mit verschiedenen Wuchsformen handelt oder um Unterarten. Die Unterscheidung der Kiefernarten ist oft nicht einfach. Charakteristisch für das Moorgewächs sind sowohl die leicht asymmetrischen Zapfen mit ihren pyramidenartig verdickten Fruchtschuppen als auch die dunkle, grau-braune Rinde.

Mit den Mooren ist auch die Moorkiefer selten geworden. Aufgrund von Abtorfungen, Rodungen und Aufforstungen mit standortfremden Baumarten ist sie ebenso bedroht wie durch Einträge von Nährstoffen und Schadstoffen. Wo Moore geschützt werden, existiert sie allerdings noch immer: in Moorwäldern, in denen die Blüten von Rauschbeere und Heidelbeere bunte Tupfen bilden, in denen die Köpfchen des Wollgrases im Wind schaukeln und in denen Moose weiche Polster formen.

Herrscher des Moores

Das Torfmoos

Sphagnum

Vor dem Aussichtsturm stehen mehrere Menschen in einem lockeren Kreis und unterhalten sich. Auf den ersten Blick könnte man sie für Wanderer halten, die auf dem befestigten Hauptweg einen Ausflug ins Moor machen. Erst beim Näherkommen fällt ihre Ausrüstung auf: Wathosen reichen ihnen unter den Regenjacken bis zur Brust, neben ihnen stehen Eimer, aus denen farbenfrohe Pflanzen herausschauen.

Es ist Oktober. Der Herbst hat dieses Moor in ein Gewand aus warmen Farben gehüllt. Es liegt im Emsland. An diesem Morgen ist von dem grauen Nieselwetter, das Norddeutschland gerne nachgesagt wird, allerdings keine Spur zu sehen. Im Licht der Sonne, die gegen die letzten Wolkenbänder ankämpft, leuchten die Gräser in Rot- und Gelbtönen. Im Laufe des Tages werden wir ohnehin unweigerlich mit Wasser in Berührung kommen, da schadet es nicht, wenn das Wasser nicht zusätzlich von oben kommt.

Es steht ein Umzug bevor. Die ersten Kartons warten in Form der Eimer bereits am Wegesrand. Sie sind gefüllt mit farbenfrohen Torfmoosen. Ich bin aufgeregt, voller Vorfreude, denn ich werde die heutige Torfmoosumsiedlung begleiten, und das bedeutet: An der Seite der Wissenschaftler und Moorschützer darf ich das Moor auch dort erkunden, wo nur unwegsame Pfade durch die von Torfmoosteppichen bedeckten Wasserflächen führen.

Torfmoos ist nicht gleich Torfmoos. In unseren Breiten kommen über 30 unterschiedliche Arten vor. Der größte Teil von ihnen ist an die nährstoffarmen, sauren Böden gebunden, die ihnen Moore bieten. Dass ich heute in einem Moor stehe, ist den Moorschützern zu verdanken. Früher fand auch dort Torfabbau statt, doch seit den 1980er-Jahren gaben die Menschen die verbliebenen Moorreste schrittweise an die Natur zurück. Bis der Reichtum des ehemaligen Hochmoores zurückkehrt, wird allerdings noch eine lange Zeit vergehen. Noch immer hat sich das Gebiet nicht vom Torfabbau erholt, nicht nur ein großer Teil des Torfbodens ist durch den Abbau verschwunden, sondern auch hochmoortypische Arten sind verloren gegangen.

Als sich vor rund 11 600 Jahren die eiszeitlichen Gletscher zurückgezogen, hinterließen sie Senken, in denen sich Wasser sammelte. Mit der Zeit

Bild links: Wasser speichern ist seine Mission:
Ein Torfmoospolster, das sich allmählich in die Höhe hebt.

verlandeten die entstandenen Seen, es entstanden zunächst Niedermoore und auf diesen entwickelten sich vor wenigen Jahrtausenden Hochmoore. Torfmoose wuchsen weit über den Wasserspiegel der umgebenden Landschaft hinaus und bildeten schwammartige Polster. Deswegen prägten früher zwischen den tiefer gelegenen, wassergefüllten Senken – den Schlenken – erhabene, trockene Hügel – die Bulten – das Hochmoor.

Wir haben den ersten Polder erreicht. Im Rahmen der Wiedervernässung wurden Teilbereiche des Moores eingedeicht. Darin sammelt sich das Wasser und Torfmoose wachsen in Teppichen allmählich darüber. Behutsam nehmen wir die ersten Pflanzen aus den Eimern. Hunderte Bündel mit Torfmoosen warten darauf, an sorgsam ausgewählten Stellen im Moor verteilt zu werden. Es sind Bultentorfmoose, also die Arten, die dem Hochmoor sein charakteristisches Aussehen verleihen. Sie stammen aus benachbarten Moorflächen, in denen sie an einigen Stellen entnommen wurden, sorgsam darauf bedacht, die Eingriffe so gering wie möglich zu halten. Auch mit anderen Pflanzenarten wie Moosbeere, Krähenbeere und Sonnentau wird das Moor »beimpft«, um auf diesem Weg den Grundstein für die Wiederbesiedlung zu legen.

Wo Schlenkentorfmoose, Wollgras und Pfeifengras bereits dichte Pflanzenteppiche geschaffen haben, bekommen die Bultentorfmoose nun einen neuen Platz. Die Standorte sollen allerdings nicht nur den Ansprüchen der Moose gerecht werden, sondern auch gut erreichbar sein, um die Erfolgskontrolle der Maßnahme zu gewährleisten. Tückisch ist das Unterfangen dennoch und es wird sich noch zeigen, dass wir die Wathosen nicht ohne Grund tragen.

Torfmoose funktionieren wie Schwämme: Sie können das 20- bis 40-Fache ihres Eigengewichts an Wasser speichern. Solange das Köpfchen, der oberste Teil des Torfmooses, mit Feuchtigkeit versorgt ist, können sie nahezu unbegrenzt in die Höhe wachsen, während der untere und ältere Teil von ihnen abstirbt – Torf entsteht. Torf aus Torfmoos ist durchsetzt von zahlreichen Poren, sodass auch er große Mengen Wasser speichert. Die Strategien des Wasserhaushalts gehen sogar noch über die Speicherung hinaus: Untersuchungen ergaben, dass die Torfmoosdecken ihren Wasserverbrauch drastisch reduzieren können, sobald der Moorwasserspiegel unter einen kritischen Pegel sinkt. Ein äußerst rationeller Umgang mit der wertvollen Ressource.

Manche der Moosbündel besitzen eine purpurrote Färbung. Es ist *Sphagnum magellanicum:* Magellans Torfmoos. Spezialisiert auf sehr saure Umgebun-

Bultentorfmoose verleihen dem Hochmoor sein charakteristisches Erscheinungsbild.

gen, liegt seine Heimat in den Hochmooren. Die dunklere Färbung schützt das Moos offenbar vor intensiver Sonneneinstrahlung, eine Anpassung, die auch im Tierreich vorkommt.

Andere Moosbündel sind gelblich gefärbt. Sie sind keinesfalls dabei, zu verwelken, sondern zeigen lediglich den erstaunlichen Farbenreichtum innerhalb der Torfmoose. Manchmal sieht man auch weiße Torfmoose in den Mooren. In den Blättern der Torfmoospflänzchen sitzen Hyalinzellen. Sind sie mit Wasser gefüllt, erscheint das Moos grünlich, füllen sich die Zellen in Trockenzeiten mit Luft, nehmen sie eine weißliche Farbe an. Daher kommt auch der Beiname »Bleichmoos«, den die Sphagnum-Arten tragen.

Wir sind am letzten Standort angekommen. Vor uns erstreckt sich eine teppichartige Torfdecke. Zielgerichtet steuern die Moorschützer die orange angemalten Stäbe an, mit denen die vorgesehenen Pflanzplätze markiert wurden. Der Boden bewegt sich unter ihren Schritten und verrät, dass die dicht wachsenden Moose einen Wasserkörper verbergen. Schwingrasen wird eine solche schwimmende Pflanzendecke genannt. Plötzlich ist von einer Person nur noch der Oberkörper zu sehen. Nicht immer trägt der Schwingrasen. Das ist der tückische Teil des Einsatzes und der Grund für die Wathosen.

Es dauert eine kleine Weile, bis sich die Person mithilfe gereichter Hände aus dem Moor gekämpft hat und mit einem schiefen Lächeln auf den Lippen wieder halbwegs festen Boden unter den Füßen hat.

Erst durch das Torfmoos entstand dieses Hochmoor. Es ist ein Wunderwerk der Natur und ein Schöpfer einzigartiger Landschaften. Gefährlich werden kann es jedoch nicht nur für Menschen, die der Gefahr zum Trotz die Schwingrasen betreten. Auch Pflanzen, die im Moor überleben wollen, müssen den Wettkampf mit dem Torfmoos aufnehmen.

Das Torfmoos wächst unaufhaltsam in die Höhe und verschluckt alle Pflanzen, die nicht mithalten können. Dabei sorgt es dafür, dass bereits wenige Zentimeter unter seinen Köpfchen kaum mehr Leben herrscht. Es ist maßgeblich verantwortlich für die extremen Lebensbedingungen im Moor, denn einerseits nimmt es dem Wasser die Nährstoffe und gibt im Tausch Teilchen ab, die das Wasser sauer machen. Damit raubt es vielen anderen Pflanzen jegliche Überlebenschancen. Andererseits sorgt das Torfmoos durch seine enorme Wasserspeicherung für Staunässe und Sauerstoffmangel im Wurzelbereich der Nachbarpflanzen und macht ihnen damit das Leben schwer. Dem Torfmoos macht das nicht zu schaffen – es besitzt keine Wurzeln. In dem fortwährenden Ringen stirbt das Moos nach unten ab und erstickt seine Konkurrenten schlichtweg unter sich. Nur wenige Pflanzenarten haben Strategien entwickelt, um diesem Druck standzuhalten.

Hochmoore sind einzigartig und unglaublich wertvoll. Ihr Schutz wird die Aufgabe dieser und folgender Generationen sein. Es wird eine lange Zeit brauchen, bis sich die Moore von den Schäden erholt haben, die wir ihnen mit Trockenlegung und Abtorfung zugefügt haben. Das macht den Start von Schutzmaßnahmen noch dringlicher.

Bilder links: Torfmoose spielen eine wichtige Rolle bei der Torfbildung in Hochmooren. Durch weitreichende Zerstörung unserer Moore sind auch viele Torfmoosarten gefährdet. In Zukunft werden die Moose eine zunehmend wichtige Rolle als Rohstoff einnehmen. Hier ist es wichtig, Standards zu setzen, die verhindern, dass sich die Torfmoosnutzung negativ auf die Moore auswirkt.

Mitte rechts: Über spezielle Kapseln verbreitet das Torfmoos seine Sporen. Den Transport übernimmt der Wind. Das Moos selbst gibt aber eine gute Starthilfe und schickt seine Sporen mit bis zu 130 km/h Anschub auf die Reise.

Die Schwarze Krähenbeere

Empetrum nigrum

In sattgrünen Teppichen wächst die Schwarze Krähenbeere im lichten Moorwald. Ein leises Rascheln dringt ein Stück entfernt aus den Zwergsträuchern. Halb verborgen hinter dem weißen Stamm einer Moorbirke sitzt eine Rabenkrähe. Das schlaue Tier hat mich längst bemerkt, hält mich aber wohl nicht für eine Gefahr. Langsam folge ich weiter dem schmalen Pfad.

Als Naturfotografin stehe ich mit den Krähen ein Stück weit auf Kriegsfuß. Zu gerne würde ich aufnehmen, wie sie in ihrem schillernden Gefieder wachsam die Umgebung im Blick behalten und in einem unbemerkten Moment sogar Artgenossen die Nahrung stibitzen. Doch sobald ich bei einer zufälligen Begegnung kurz innehalte und meine Kamera zücke, wird den Krähen die Aufmerksamkeit, die ihnen zuteilwird, zu viel und sie ziehen weiter. Vermutlich ist ihre Vorsicht eine Reaktion auf die Jahrhunderte andauernde Jagd auf sie. Also tarne ich mich als Spaziergängerin und lasse meinen Blick unauffällig in Richtung der Krähe schweifen. Nur unterbrochen vom kurzen Aufblicken durchsucht sie emsig die Sträucher. Es sind die schwarzen Früchte, auf die sie es abgesehen hat – Krähenbeeren.

Schon seit dem Sommer hängen sie von der Sonne gereift an den Zweigen. Botanisch korrekt handelt es sich um Steinfrüchte. Tiefschwarz schimmern sie genauso wie das Federkleid des Vogels. Ihm hat die Krähenbeere ihren Namen zu verdanken. Bei der Verbreitung nutzt die Pflanze die Hilfe der Krähen und anderer Vögel, die die Früchte vertilgen und die enthaltenen Samen an einen neuen Standort tragen.

In den nordischen Ländern sammeln die Menschen Krähenbeeren ähnlich wie Heidelbeeren und Preiselbeeren und stellen daraus Saft und Süßspeisen her. Dank ihres Reichtums an Vitamin C wurden sie in früheren Zeiten gegen Skorbut verwendet. Wer roh von den Früchten nascht, riskiert allerdings eine leicht berauschende und schwindelerregende Wirkung. Sie ist dem enthaltenen Andromedotoxin geschuldet, das beim Kochen zerfällt. Bei den Vögeln scheint das Gift keine Spuren zu hinterlassen. Allein lila Kleckse auf dem Boden bezeugen das reichhaltige Mahl.

Bild links: Die reifen Früchte der Schwarzen Krähenbeere sind bei Krähen äußerst beliebt. Die Vögel sorgen so auch für die Verbreitung der Krähenbeere: Das wird Verdauungsverbreitung genannt.

Unter guten Bedingungen bildet die Schwarze Krähenbeere auch flächendeckende Bestände aus.

Nicht nur in den lichtdurchfluteten Moorwäldern wächst die Krähenbeere, auch auf den sanften Hügeln des Moorzentrums sowie in Heidelandschaften, an felsigen Gebirgshängen und in den Dünen der Küsten bildet sie immergrüne Matten. Zehn bis 40 Zentimeter kann der Zwergstrauch groß werden, er liegt jedoch oft niedrig am Boden und streckt lediglich die jungen Triebe aufrecht in die Höhe.

Die Krähenbeere ist eine Überlebenskünstlerin auf den kargen und sauren Böden. Symbiosen mit Mykorrhizapilzen ermöglichen es ihr, die wenigen Mineralien aus dem Boden herauszulösen. Sogar gegen lange Trockenheit ist sie gewappnet: Ringsum an den Stängeln sitzen kleine nadelförmige Blätter, wie Flaschenbürsten sehen sie aus. Im Querschnitt fällt auf, dass die Blätter röhrenförmig sind. Ihre Ränder sind nach unten eingerollt, an einer hellen Naht verbunden und umschließen die Luft im Inneren. Darin hält sich auch in trockenen Zeiten die Luftfeuchtigkeit. Auf diesem Weg schafft sich die Pflanze die geeigneten Bedingungen selbst.

Im Frühjahr blüht der Gagelstrauch und schenkt dem Moor ein bernsteinfarbenes Kleid.

Gagelstrauch

Vor über 3000 Jahren lebte auf der Halbinsel Jütland in Dänemark das »Mädchen von Egtved«. Nach seinem frühen Tod fand es seine letzte Ruhestätte in einem Hügelgrab. Die Grabbeigaben verraten uns viel über das damalige Leben. Unter den Fundstücken befindet sich ein Trinkgefäß, in dem Reste von Bier nachgewiesen wurden. Die Analyse hat die damals verwendete Gewürzmischung entschlüsselt und zeigt, welch lange Tradition der Gagelstrauch beim Bierbrauen hat.

Bis vor wenigen Jahrhunderten war der Gagelstrauch (auch »Grut«) wegen seiner aromatisierenden und teils berauschenden Wirkung als Zutat für Bier beliebt. Bierbrauer, die damit arbeiteten, trugen den Namen »Gruter«, was in abgewandelter Schreibweise auch in heutigen Familiennamen erhalten geblieben ist. Die Verwendung erstreckte sich mit Schwerpunkten in Norddeutschland, Dänemark, den Niederlanden, Belgien und England über ein weites Gebiet und umfasste eine Vielzahl an Rezepturen. Mit der Zeit verlor der Gagelstrauch seine Bedeutung, was auch gesetzlichen Regelungen geschuldet war. Der Kurfürst Georg von Hannover verbot etwa im Jahr 1723 den Gebrauch von Gagel, da dieser die Steuereinnahmen beim Hopfen schmälerte. Mittlerweile sind »Grutbiere« als regionale Besonderheiten zurückgekehrt.

Der Sumpf-Haubenpilz

Mitrula paludosa

Ein falscher Schritt und schon stecke ich mit einem Schuh fest im morastigen Waldboden. Beim Versuch, mich zu befreien, spüre ich, wie sich das Wasser seinen Weg über den Schaft meines Stiefels bahnt. Die Unwegsamkeit hat der Wald den Quellen zu verdanken, aus denen auch im Sommer Wasser austritt und die den Waldboden stellenweise in Tümpel verwandeln. Und in einem davon stecke ich jetzt.

Mit dem anderen Fuß auf einer Wurzel balancierend, ziehe ich langsam den Schuh aus dem sumpfigen Boden und bemühe mich, dabei nicht das Gleichgewicht zu verlieren. Nun, wo ich unter beiden Füßen wieder festen Untergrund spüre, verschaffe ich mir erst einmal einen Überblick. Um mich herum wachsen Moose in dicken Kissen, dazwischen ragen die langen Halme des Pfeifengrases aus dem fast schwarzen Erdreich. Vorsichtig, darauf bedacht, nicht erneut einzusinken, steuere ich eine Stelle an, wo das Moos einen dichten Teppich bildet. Es ist Torfmoos, das hier weit entfernt vom nächsten Moor wächst.

Bevor ich das Torfmoos erreichen kann, lässt mich eine wassergefüllte Vertiefung im Boden innehalten. Dieses Mal allerdings nicht etwa, weil ich wieder eingesunken wäre, sondern weil winzige Farbtupfer im dunklen Wasser meine Aufmerksamkeit geweckt haben. Nur wenige Zentimeter groß leuchten orange Pilze in den Sonnenstrahlen, die durch das Kronendach dringen. Es sind Sumpf-Haubenpilze, die ihren Ursprung unter der Wasseroberfläche haben.

Wie die Torfmoose lassen sich die Sumpf-Haubenpilze in sumpfigen Wäldern ebenso entdecken wie in feuchten Mooren. Mit Vorliebe ernährt sich diese Pilzart von im flachen Wasser vermodernden Zweigen und Zapfen, von verrottendem Laub und Nadeln. Wo ihre Fruchtkörper wachsen, wirkt das Wasser oft schmutzig. Doch das täuscht. Denn der Pilz braucht sauberes Wasser, wenngleich es auch schlammig sein darf.

Die Rote Liste verzeichnet für den Sumpf-Haubenpilz eine starke Abnahme seines Bestandes. Die dafür verantwortlichen Veränderungen sind für uns kaum wahrnehmbar. Ob aus der Luft oder auf dem Wasserweg: Kaum ein Gewässer bleibt von den Einflüssen aus der Umgebung unberührt. Dem

Bild links: Das Myzel des Sumpf-Haubenpilzes bezieht seine Nahrung aus verschiedenstem Pflanzenmaterial in flachen Wasserzonen.

Sumpf-Haubenpilz machen insbesondere die aus der Landwirtschaft stammenden Verschmutzungen zu schaffen. Dieser Wald gehört zu den wenigen bekannten Refugien, in denen er noch immer wächst. Und wer weiß, vielleicht verwandelt sich dieser Wald mit der Zeit auch in ein Moor.

Bild rechts: Der Sumpfsaftling wird auch Knoblauchsaftling genannt. Die Namensgebung erscheint seltsam, denn ein Knoblauchgeruch ist nicht wahrnehmbar. Allerdings ändert sich das, wenn der Pilz über Stunden in einem verschlossenen Glas gelagert wird. Beim Öffnen ist der namensgebende Geruch deutlich wahrnehmbar. Der Sumpfsaftling gedeiht in Mooren sowie an moosigen, feuchten Stellen in Wäldern und auf Wiesen.

Zum
ökologischen
Wert
der Moore

Die ökologischen Funktionen der Moore

Wasserspeicher

Alexander von Humboldt verglich die Moore mit riesigen Schwämmen. Heute wissen wir, wie recht er damit hatte: Bis zu 95 Prozent können sie aus Wasser bestehen. Wer durch nasse Moore wandert, hat somit kaum festen Boden unter den Füßen und droht unweigerlich, in die feuchte Pflanzendecke einzusinken.

In Senken sammelt sich der gesamte Wasserüberschuss der Umgebung, sodass die Moore in niederschlagsreichen Jahren um mehr als einen Meter aufschwimmen können. Nur allmählich sinken sie mit der Abgabe der Feuchtigkeit wieder in sich zusammen. Das Wasser ermöglicht es, dass die Moore Vertiefungen in der Landschaft mit Torf füllen oder nur gespeist durch die fallenden Niederschläge als Hochmoore emporwachsen.

Die Moore stellen einen natürlichen Schutz vor Hochwasser dar. Sie fangen die Rinnsale ein, die Regenfälle und Schneeschmelzen die Berghänge hinabschicken, und bewahren Siedlungen vor Überschwemmungen entlang von Flussufern und Meeresküsten. Dabei filtert der Torfkörper das Wasser, das ihn durchströmt – die Moore sind die Nieren der Landschaft. Zugleich versorgen sie in Trockenzeiten die Umgebung mit Wasser und senken die Umgebungstemperaturen.

Kohlenstoffspeicher

Aus dem Moorboden können wir in der Geschichte lesen. Jahrtausende blicken wir in die Vergangenheit zurück, bis zu dem Zeitpunkt, als das Moor entstanden ist. Viel Wasser, wenig Sauerstoff und die konservierenden Huminsäuren machten es zu dem, was es ist.

Das Pietzmoor erstreckt sich am Rand der Lüneburger Heide.
Dort steht Sonnentau neben Moorlilie, dort sagen sich Kreuzotter und Moorfrosch gute Nacht.

Die Moorpflanzen tun das, was alle Pflanzen tun: Sie nehmen Kohlenstoffdioxid (CO_2) auf und speichern es als Kohlenstoff in ihrem Inneren. Nach ihrem Absterben konserviert sie das Moor. Einmal in den nassen Boden gesunken, erschweren die darin herrschenden Bedingungen die Arbeit von Mikroorganismen und verhindern die vollständige Zersetzung. Deswegen können wir in dem dunklen Torf noch heute erkennen, welche Pflanzen vor Tausenden Jahren im Moor wuchsen.

Der Torfboden bewahrt die Vergangenheit ebenso wie den Kohlenstoff, den die Moorvegetation Jahr für Jahr gespeichert hat. Unter im Wind schaukelndem Wollgras und mit Wasser vollgesogenen Torfmoosdecken schlummert ein gigantisches Kohlenstoffreservoir. Ein Hektar Moorboden speichert so viel Kohlenstoff wie sechs Hektar Wald. Das ist der Grund dafür, dass Moore – obwohl sie mit drei Prozent nur einen Bruchteil der Landfläche unserer Erde bedecken – rund 30 Prozent der auf den Landflächen gebundenen Kohlenstoffvorräte beherbergen.

Vielfaltsschützer

Moore sind die Heimat von hochspezialisierten Tier- und Pflanzenarten. Einige ihrer Bewohner leben nur dort, und das macht sie umso verletzlicher. Kein Moor gleicht dem anderen. Sie alle unterscheiden sich in ihrem Wasserhaushalt, Nährstoff- und Säuregehalt. Die Böden der Hochmoore sind besonders nährstoffarm und sauer. Sie sind das Reich der Spezialisten, die sich an diesen Extremstandort angepasst haben. Der fleischfressende Sonnentau und die auf den Torfmoosen gebettete Moosbeere haben Strategien entwickelt, um in der unwirtlichen Umgebung leben zu können. Niedermoore sind artenreicher, denn die Bedingungen sind weniger herausfordernd. Dort finden auch Arten Rückzugsräume, die feuchte Flächen benötigen, aber nicht in den extremen Hochmooren bestehen können.

Von den Pflanzen hängen Tierarten ab, wie der Hochmoorgelbling, dessen Raupen nur an der in Mooren wachsenden Rauschbeere fressen. Die mit Wasser bedeckten Flächen bieten Vögeln Schutz. Kraniche bauen fast unerreichbar für Feinde ihre Nester. Und früher schallten die Rufe der Birkhühner über die offene Landschaft – eine Charakterart der Moore, die nahezu verschwunden ist. Doch auch Tiere, die keine ausgesprochenen Moorbewohner sind, finden dort Zuflucht: Zugvögel für eine Rast, Wiesenbrüter nutzen die feuchten Flächen, Moorfrösche haben dort letzte Refugien. Sogar Glazialrelikte haben im kühlfeuchten Kleinklima der Moore überlebt. Es sind Arten wie der Moor-Steinbrech *(Saxifraga hirculus)* oder der Hochmoorlaufkäfer *(Carabus menetriesi pacholei)*, die in der letzten Eiszeit bei uns weit verbreitet waren, heute durch die Erwärmung dagegen nur noch auf Kälteinseln vorkommen.

Unsere Moore sind ebenso bedroht wie ihre Bewohner. Etliche spezialisierte Arten und solche, die innerhalb der intensiv genutzten Landschaften sonst keinen Lebensraum finden, sind stark gefährdet. Moorschutz ist mehr als der Schutz der Moorböden, denn die Moore sind nicht nur Wasser- und Kohlenstoffspeicher – sie sind auch einzigartige Ökosysteme, die in ihrem Beitrag zur Biodiversität unersetzlich sind.

Bilder rechts: Die Moorlilie (links) ist das einzige Mitglied der Familie der Beinbrechgewächse in Deutschland. Sie wächst auf nassen, nährstoffarmen, sauren Böden. Die dort herrschende Kalkarmut führte bei Weidetieren einst zu Mangelerscheinungen und in der Folge nicht selten zu Knochenbrüchen – daher der Name dieser Pflanzenfamilie.

Die Raupen des Hochmoor-Bläulings (rechts) haben einen engen Bezug zum Moor. Zu ihren Futterpflanzen gehören zum Beispiel die Schwarze Krähenbeere, Heidelbeere, Glockenheide, Preiselbeere, Rauschbeere, Rosmarinheide und Moosbeere.

Nährstoffe im Moor

Nur spezialisierte Pflanzen sind in der Lage, dem Nährstoffmangel in den Hochmooren zu trotzen. In den Mooren kommt der Stoffkreislauf in Teilen zum Stillstand – denn der Kohlenstoff, den die Pflanzen beim Wachsen binden, wird nach ihrem Absterben nicht (vollständig) wieder freigesetzt, sondern im Torf gespeichert. Erst die Moorentwässerung stößt diesen Kreislauf wieder an: Die organischen Substanzen werden zersetzt und es kommt zur Freisetzung von Kohlendioxid und Stickstoff. Das hat auch Auswirkungen auf das Moor selbst, denn der Stickstoff düngt den natürlicherweise nährstoffarmen Naturraum. Noch dazu findet über Niederschläge und Winde auch eine Düngung, etwa aus der Landwirtschaft, von außen statt. Beides trägt Nährstoffe in die Moore ein. Nicht weniger gravierend ist der Einfluss aus der Forstwirtschaft. Wenn Wälder aus Flugzeugen heraus gekalkt oder gedüngt werden, hat das auch Folgen für die benachbarten Moorflächen. Durch den Nährstoffeintrag ändert sich die Artenzusammensetzung in einem Moor. Nährstoffliebende Arten breiten sich zusehends aus und verdrängen die spezialisierten moortypischen Arten.

Moornutzung

Der Mensch und das Moor

Die Moore befinden sich an einem Scheideweg und in welche Richtung ihre Zukunft gehen wird, liegt in unseren Händen. Ursprünglich speicherten die Moorböden das Wasser wie ein Schwamm. Doch heute laufen wir oft trockenen Fußes über sie hinweg. Unsere Nachfahren werden in den Böden lesen, denn auch die geretteten Moore werden die Geschichte von ihrem Verschwinden während der vergangenen Jahrhunderte erzählen. Die Moore gehören zu den Feuchtgebieten. Diese Gebiete zwischen Wasser und Land gehören heute zu den am stärksten bedrohten Ökosystemen unserer Erde. Doch das war nicht immer so.

Etwa 12 000 Jahre reicht die Geschichte der hierzulande noch wachsenden Moore zurück – bis zum Ende der letzten Eiszeit. Die reichen Niederschläge vermischten sich damals mit dem schmelzenden Eis, der Grundwasserspiegel stieg genauso wie der Meeresspiegel und das Land verwandelte sich. Es war die Entstehungsstunde des Moorlandes. Das Meer eroberte die Küstenbereiche

In der Esterweger Dose liegen die Zerstörung der Natur und der Schutz des Moores nicht weit auseinander (siehe auch Bild vorige Seite). Bis in die 1920er-Jahre reicht die Trockenlegung dieses Moores zurück.

der Nordsee und Ostsee, Überschwemmungsmoore entstanden. Auch abseits der Küste, im Binnenland, wuchsen Moore heran. Ohne es zu ahnen, kamen ihnen viel später die Menschen zu Hilfe. Im Mittelalter rodeten sie weite Teile des Waldes und verstärkten damit die Vernässung der Landschaft.

In Erdzeitrechnung währte die durch den Menschen geförderte Zeit der wachsenden Moore nicht lange. Die zunehmende Bevölkerung verstärkte den Druck auf die Natur. Auch bislang ungenutzte Gebiete wurden urbar gemacht. Es war der Beginn eines Jahrhunderte andauernden Kampfes gegen das Wasser. Wo vorher Moore waren, erstreckten sich nach der Entwässerung Wiesen und Weiden. Arm an Nährstoffen und reich an Arten, hatten diese blütenreichen Moorwiesen allerdings wenig gemein mit heutigen intensiv genutzten Wiesen. Die Menschen eroberten auch die unterirdischen Schätze des Moores: In kleinen Torfstichen bauten sie in mühsamer Handarbeit den Torf ab, der im Winter ihre Häuser heizte. In intakten Mooren sind die Handstiche heute verschwunden: Die Natur hat sie zurückerobert.

Tiefe Entwässerungsgräben durchschneiden die Moorböden, um das Trocknen des Torfes zu ermöglichen.

Bis zu diesem Zeitpunkt konnte die Natur viele Wunden heilen, die der Mensch ihr zufügte. Doch das änderte sich in den 1960er-Jahren mit der totalen Intensivierung der Landnutzung. Die tiefgreifende Entwässerung schuf trockene Flächen, die umgepflügt und überdüngt irreparable Schäden davontrugen.

Torfabbau im Moor

In einem kleinen, steinernen Kästchen liegen neben bronzenen Schmuckstücken runde Torfstücke. Der Torfabbau förderte diesen archäologischen Fund im Alpenvorland zutage. Vor etwa 4000 Jahren trockneten die Menschen den Torf an der Luft. Die gut regulierbare und gleichbleibende Brenntemperatur machte ihn zu einem besseren Brennmaterial für die Bronzeherstellung, als es Holz und Kohle waren. Diese Funde gehören zu den frühesten Belegen für die Verwendung von Torf.

Es ist das erste Jahrhundert unserer Zeitrechnung. Plinius der Ältere kam als römischer Offizier nach Ostfriesland. Er war einer der bedeutendsten Gelehrten seiner Zeit und berichtete aus dem Leben der Bevölkerung: »Den mit der Hände Arbeit gewonnenen Torf trocknen sie mehr durch den Wind als durch die Sonne und wärmen mit dieser Erdart ihre Speisen und ihren vom Nordwind steifen Leib.«

Früher sammelten die Menschen den Torf, anstatt ihn zu stechen. Die Chauken, ein germanischer Stamm, der sich mehrmals durch Aufstände von der aufgezwungenen römischen Herrschaft zu befreien vermochte, nutzen die Hilfe der See. Denn sie war es, die Schäden an den Mooren angerichtet und den Torfboden freigelegt hatte. Möglicherweise lag in solchen Zufällen der Ursprung für das Torfstechen. Die Energie aus den Mooren machte die Besiedlung des waldfreien Marschlandes erst möglich. Das Misstrauen gegenüber den Mooren ließ die Bevölkerung aber wohl nie ganz los.

Ob es das Schicksal der Menschen war, die im Moor geblieben sind, oder die rätselhaften Geräusche und Erscheinungen, die ihnen Schauer über den Rücken jagten: Die Furcht vor dem Moor schlug erst spät in zaghafte Faszination um.

Noch die Schriftstellerin Annette von Droste-Hülshoff erzählte Mitte des 19. Jahrhunderts in ihrer Ballade vom Knaben im Moor:

»O schaurig ist's übers Moor zu gehen,
Wenn es wimmelt von Heiderauche,
Sich wie Phantome die Dünste drehen
Und die Ranke häkelt am Strauche,
Unter jedem Tritte ein Quellchen springt,
Wenn aus der Spalte es zischt und singt! –
O schaurig ist's übers Moor zu gehen,
Wenn das Röhricht knistert im Hauche!«

Gerade die Gefahr, die von den Mooren ausgeht, veranlasste Menschen dazu, an ihren Rändern oder sogar auf den Schwingrasen Siedlungen zu errichten: Den mit dem unwegsamen Gelände Vertrauten schenkte es Schutz und wehrte Angreifer wie eine Stadtmauer ab. Von der ersten Besiedlung bis zur systematischen Erschließung der Moore sollte aber noch eine lange Zeit vergehen.

Papenburg liegt nur einen Steinwurf vom Wattenmeer entfernt. Kanäle prägen das Stadtbild und zeugen von der Vergangenheit der 1631 gegründeten Moorkolonie. Es war die erste ihrer Art in Deutschland und der Beginn einer Jahrhunderte andauernden Fehnkultur. Der Name »Fehn« geht auf das niederländische »Veen« für »Moor« zurück. Die Kanäle entwässerten das Moor und erlaubten es den Siedlern, den Torf zu stechen und zu verschiffen.

Das älteste Torfbuch erschien 1658 in den Niederlanden. Erst 1731 folgte das erste deutsche Buch. Der Autor war der deutsch-niederländische Arzt Johann Hartmann Degner, der die Torfvorkommen als »Teutschlands neu entdeckte Goldgrube« bezeichnete. In seinem Werk thematisiert er neben dem Abbau auch ausführlich die Entstehung des Torfs. In dieser Zeit wurde Holz durch das stetige Bevölkerungswachstum spürbar knapp und Maßnahmen

Salztorf

Vor ungefähr 800 Jahren berichtete der dänische Geschichtsschreiber Saxo Grammaticus, in Nordfriesland werde »aus getrockneter Erde Salz gekocht«. Diese Erde war Torf. Er stammte aus den Mooren der Küstenregion, die das Meerwasser regelmäßig überspülte und mit Salz anreicherte. Die Zeit des »Friesensalzes« begann im 11. Jahrhundert und bescherte den Friesen einen gewissen Wohlstand. Meersalz ließ sich bei dem feuchten Klima Nordeuropas nicht durch Verdunstung gewinnen und das machte das Friesensalz zu einer Kostbarkeit, obgleich es grau und bitter war.

Die Gewinnung war ein aufwendiges Unterfangen: Der gestochene Torf wurde erst getrocknet und dann verbrannt, die entstandene Asche wusch man mit Meerwasser aus und gewann so eine salzige Sole, die so lange über dem Feuer gekocht wurde, bis nur noch die Salzkristalle übrig waren. Neben dem Aufwand kostete der Torfabbau auch fruchtbare Böden und ließ das Land absacken, sodass das Meerwasser im Fall eines Deichbruches ungehindert in die tief liegenden Flächen strömte. Damit hatte der Torfabbau möglicherweise erheblichen Anteil an der Entstehung des Jadebusens, wie er heute die Küstenform prägt.

Das Unterfangen, Salztorf abzubauen, war zu dieser Zeit nicht neu: Schon die Römer gewannen in Flussmündungen, beispielsweise von Rhein und Maas, auf diese Weise Salz. Im 15. Jahrhundert endete die lange Tradition. Das aufwendig gewonnene Friesensalz konnte nicht mit Steinsalz und Salinensalz konkurrieren, die noch dazu nicht bitter waren.

Niedersächsische Torfstecher der 1930er-Jahre.
Bis zur Mitte des Jahrhunderts war der händische Torfabbau eine kräftezehrende Angelegenheit.
Die zu dieser Zeit üblichen kleinflächigen bäuerlichen Torfstiche
ermöglichten eine weitgehend schonende Nutzung der Moore.

zur Einsparung mussten her. Mit diesem Hintergrund setzte sich Torf als Brennstoff durch und Moorkolonien schossen aus dem Boden.

Der Preußenkönig Friedrich II. erließ 1765 das Urbarmachungsedikt. Mit Jürgen Christian Findorff an seiner Seite, der als königlicher Moorkommissar den Beinamen »Vater aller Moorbauern« verliehen bekam, schuf er den Grundstein für die Entstehung weiterer Moorkolonien. Über 80 waren es, die im Laufe der Jahre allein in Ostfriesland gegründet wurden. Doch auch in Bayern, etwa am Kochelsee oder im Donaumoos, oder in Württemberg, wie im Pfrunger Ried, wurden um 1800 Moorkolonien angelegt.

Anfangs noch in primitiven Hütten wohnend, führten die Siedler ein hartes und entbehrungsreiches Leben. Das Sprichwort »Der ersten Generation der Tod, der zweiten die Not und der dritten das Brot!« lässt das Elend der Bewohner erahnen. Der nach dem Abbau des Schwarztorfes übrige Weißtorf wurde, vermischt mit Sand und Schlick, auf dem tief umgegrabenen sandigen Untergrund ausgebracht, um ihn landwirtschaftlich nutzen zu können. Ein mühsamer Weg: 500 Arbeitstage brauchte ein Mann zur Kultivierung eines Hektars Moorfläche.

In Handtorfstichen (links) konnte sich das Wasser sammeln – eine Voraussetzung für das neue Wachstum der Torfmoose. Erst mit dem industriellen Torfabbau wurden die Moore flächendeckend trockengelegt.

In allen moorreichen Gebieten stand die Torfstecherei Mitte des 19. Jahrhunderts in voller Blüte. Anfangs war es noch Knochenarbeit. Mit der Anlage eines Torfstiches hoben die Moorbauern zunächst mit Schaufeln den direkt unter dem Pflanzenteppich liegenden Weißtorf aus. Erst darunter kam der dunklere und festere Brauntorf zum Vorschein. Mit nackten Beinen in den tiefen Gräben stehend, stachen die Menschen den Torf in Soden, hoben sie unter großer Anstrengung hinauf zu den Helfern, die sie auf Karren packten und zum Trockenplatz zogen. Aufgestapelt trockneten Wind und Sonne die Soden, sodass sie über das Jahr hinweg schrumpften und leichter wurden.

Am wertvollsten war der Schwarztorf. Er lag am tiefsten und wenn keine ausreichende Trockenlegung gelang, mussten ihn die Torfstecher noch fast flüssig aus den metertiefen Gruben heben. Der schwarze Torfschlamm wurde dann auf dem Boden verteilt und das Wasser durch langes Trampeln herausgepresst, bevor er weiter getrocknet und schließlich in Stücke geschnitten wurde.

In bäuerlichen Torfstichen wurde bis vor Jahrzehnten händisch gearbeitet. Noch heute können wir in einigen Regionen Erzählungen von Menschen lauschen, die früher als Kinder ihre Familien in die Moore begleitet haben. Es sind Geschichten von knochenharter Arbeit, aber manchmal auch Anekdoten von aufregenden Tagen und Begegnungen mit furchteinflößenden Echsen und klebrigem Sonnentau.

Mit der Zeit ersetzen Maschinen die Handarbeit. Sogar unter Wasser stachen sie Torf, bauten die Moore tiefgreifend und flächendeckend ab.

Im Laufe der Geschichte waren die Nutzungsformen des Moorbodens vielfältig. In der Eisenzeit, vor etwa 6000 Jahren, begann man, Raseneisenerz für die Eisengewinnung und als Mauersteine abzubauen: Hauptsächlich in von Sandgebieten umgebenen Mooren war Torf mit einem hohen Metallgehalt zu finden.

Die Verlandung von kalkreichen Gewässern schuf die Voraussetzung dafür, dass vor 4000 Jahren auch Wiesenkalk abgebaut wurde. Genutzt wurde er zur Verbesserung schwerer und saurer Böden sowie zur Herstellung von Branntkalk für Mauerwerke. Der Wiesenkalk erklärt, dass Bauwerke über Jahrtausende hinweg bestehen konnten. Die Nutzung reichte weit bis in unsere Zeit.

Als Brennstoff wurde mit Torf sowohl Metall geschmolzen oder Ton gebrannt als auch das Haus geheizt. In den Hütten der Moorkolonien wurde der Torf teils direkt auf dem Boden verbrannt, um die Wärme zu nutzen. Auch nach der langen Trocknungszeit brannte er nur langsam ab, begleitet von einem starken Geruch.

Statt ihn direkt als Brennstoff zu nutzen, wurde der Torf früher auch in Kohlenmeilern zu Torfkohle umgewandelt. Dadurch war der Heizwert vergleichbar dem von Braunkohle und das Verbrennen wurde unproblematischer. Als Ersatz für Holzkohle nutzte die Industrie die Torfkohle in großen Mengen.

Über Jahrtausende hinweg sind die Moore gewachsen. Mit der industriellen Nutzung brauchten die Menschen nur Jahrhunderte, um sie auszubeuten, und nur Jahrzehnte, um sie schließlich fast vollständig zu zerstören. Der Verlust ganzer Moorlandschaften war nach dem Zweiten Weltkrieg besiegelt. Anfangs von der Not, später vom technischen Fortschritt getrieben, verloren die Moore ihre ökologischen Funktionen und ihre Schönheit. Nur Reste sind uns geblieben, die es nun zu schützen gilt.

Landwirtschaft im Moor

Für unsere Vorfahren war das Moor kaum nutzbares Land. Vielmehr noch, sie fürchteten es. Teufelsmoore gibt es in allen Ecken der Erde. Seit Jahrtausenden mussten sich Menschen in diese Gebiete begeben und manchmal mag einer von ihnen im Boden eingesunken sein. Doch die gefundenen Moorleichen zeigen, dass es sich dabei nur sehr selten um verunglückte Jäger oder Reisende handelte. Es waren Menschen, die Verbrechen zum Opfer gefallen sind, die im Moor hingerichtet oder den Göttern geopfert wurden. Das Moor hat sie konserviert, so wie es die abgestorbenen Pflanzen konserviert hat. Auf diese Weise ist es zum Zeugen geworden für das, was diesen Menschen vor und nach ihrem Tod widerfahren ist. Sogar über die letzte Mahlzeit und die Ursache ihres Ablebens wissen wir dadurch.

Lange Zeit waren die Moore weitgehend unberührt. Bis auf das Sammeln von Beeren oder das Jagen der dort lebenden Tiere sahen die Menschen in ihnen kaum einen Nutzen. Erst einschneidende Eingriffe schufen die Voraussetzungen für die Moorkultur und veränderten das Gesicht der Landschaft.

Dichter Rauch verdunkelt die Sonne. Tagelang hüllt er die umliegenden Städte ein und zieht Hunderte Kilometer weit. Es ist die Zeit der Moorbrandkultur. Bereits im 12. Jahrhundert kultivierten Mönche einige Moorrandgebiete. Mit der Moorbrandkultur – in Ostfriesland ab Anfang des 18. Jahrhunderts – findet die landwirtschaftliche Nutzung erstmals systematisch statt. Die oberflächlich entwässerten Hochmoore werden in Brand gesteckt, der Wind und die Feuchtigkeit der tieferen Bodenschichten regulieren das Feuer. In die Asche sät man insbesondere Buchweizen.

Fast ebenso schnell, wie die Moore durch die Moorbrandkultur in fruchtbare Flächen verwandelt wurden, wuchsen die letzten Pflanzen darauf empor. Nur Jahre nach dem Brand waren die Nährstoffe erschöpft und es brauchte Jahrzehnte, bis wieder Ackerbau betrieben werden konnte. Dennoch war dieses Wirtschaften lange Zeit prägend für Norddeutschland. Erst im Jahr 1923 war das Ende besiegelt: Die Beschwerden über die Rauchbelästigung führten zum gesetzlichen Verbot.

Schon einige Jahrzehnte vor dem Verbot löste das Verfahren der »Deutschen Hochmoorkultur« vielerorts die Moorbrandkultur ab. Entwässert und mit Kalk, Kaliphosphat oder Schlacke gedüngt, dienten die Moorböden nun

Der Maler Otto Modersohn war Mitbegründer der Künstlerkolonie Worpswede und schuf im Jahr 1903 einen Eindruck von der Worpsweder Landschaft. Zu dieser Zeit wurden im Teufelsmoor Unmengen an Torf abgebaut und über die Entwässerungsgräben, die zugleich als Schifffahrtskanäle dienten, nach Bremen verschifft.

auch dem Anbau anspruchsvollerer Pflanzen als dem Buchweizen: Roggen und Hafer, Kartoffeln und Futter für Tiere wuchsen auf den Äckern. Die langen Brachzeiten der Moorbrandkultur entfielen und später dienten die Flächen als intensiv genutzte Wiesen und Weiden auch der Tierhaltung.

Das ursprüngliche Gesicht der Moore ging mit der Umwandlung in landwirtschaftliche Flächen verloren, unter der Erdoberfläche ist der über Jahrtausende entstandene Torf dagegen weitgehend intakt geblieben. Doch das sollte nicht so bleiben: Im Gegensatz zur Moorbrandkultur und zur Deutschen Hochmoorkultur krempelten andere Verfahren das Moor komplett um. Bei der Sandmischkultur wurden die Bodenschichten des Moores völlig zerstört – zugunsten höherer Erträge. Während der Boden dafür anfänglich noch in Handarbeit bearbeitet wurde, fand später eine tiefere Bearbeitung mit großen Maschinen statt. Mehr als zwei Meter tief pflügten sie sich durch den Untergrund und vermischten den Torf mit dem darunter liegenden Sand zu schrägen Schichten. Seit 1950 wurden in Deutschland auf diese Art etliche Moorböden in Kulturflächen verwandelt. In jenem Jahr beschloss der Bundestag den »Emslandplan« mit dem Ziel, einen tiefgreifenden Wandel in der damals armen, unterentwickelten Region Norddeutschlands einzuleiten. Damit schrieb die Politik die letzten Kapitel in der Zerstörung der Moore. Sie war der Preis für die landwirtschaftliche Nutzung, wie sie bis heute betrieben wird. Doch es beginnen sich Veränderungen zu regen.

Moorsoldaten

Bereits vor dem Beginn des letzten Jahrhunderts wurden in Deutschland Inhaftierte aus Gefangenenanstalten zum Arbeiten in Moore gebracht. Sie dienten als Ersatz für freie Arbeiter, die hohe Löhne verlangten. 1911 forderte der preußische Regierungsrat Rudolf Krohne, dass von den Strafgefangenen Tausende »asoziale und staatsfeindliche Elemente« als Arbeitskräfte in die Moore geschickt werden. Von dort führte der Weg geradewegs zu den faschistischen Konzentrationslagern. Bereits früh entstanden im Emsland Konzentrationslager in Börgermoor, Esterwegen und Neusustrum.

»Moorsoldaten« nannten sich die politischen Häftlinge. Mit dem Lied »Die Moorsoldaten« schufen der Bergmann Johann Esser und der Schauspieler und Regisseur Wolfgang Langhoff 1933 in Börgermoor bei Bremen eines der bekanntesten musikalischen Zeugnisse des Widerstands gegen das nationalsozialistische Regime. In ihrem Liedtext beschrieben sie die Härte des Lageralltags. Es sind Zeilen, die den Schrecken dieser Zeit genauso zeigen wie den Mut, mit dem die Häftlinge den Widerstand aufrechterhalten haben.

Der kaufmännische Angestellte Rudi Goguel komponierte die Musik dazu und im selben Jahr führte eine Gruppe der Inhaftierten, überwiegend ehemalige Mitglieder des Solinger Arbeitergesangvereins, das Lied im Konzentrationslager auf. Bei der selbst organisierten Veranstaltung namens »Zirkus Konzentrazani« waren fast 1000 Gefangene dabei, die bereits bei der zweiten Strophe in den Refrain mit einstimmten. Wenngleich sogar die SS-Leute – sich offenbar selbst als »Moorsoldaten« angesprochen gefühlt – bei der letzten Strophe mitsangen, wurde das Lied zwei Tage nach der Aufführung von der Lagerleitung verboten. Trotzdem verlangten die Wachleute des Lagers wiederholt, dass das Lied von den Häftlingen auf ihren Märschen ins Moor gesungen wurde. Auch die Verbreitung über die Lagergrenzen hinaus war nicht mehr aufzuhalten: Über entlassene oder in andere Lager verlegte Gefangene sowie deren Angehörige wurde das Lied weit über das Börgermoor hinaus bekannt und später von Musikern wie Ernst Busch oder Hannes Wader neu interpretiert.

Die Verfasser des Liedes überlebten das NS-Regime, mehr als 20 000 Gefangene starben dagegen Schätzungen zufolge von 1933 bis zum Kriegsende allein in den insgesamt 15 Emslandlagern.

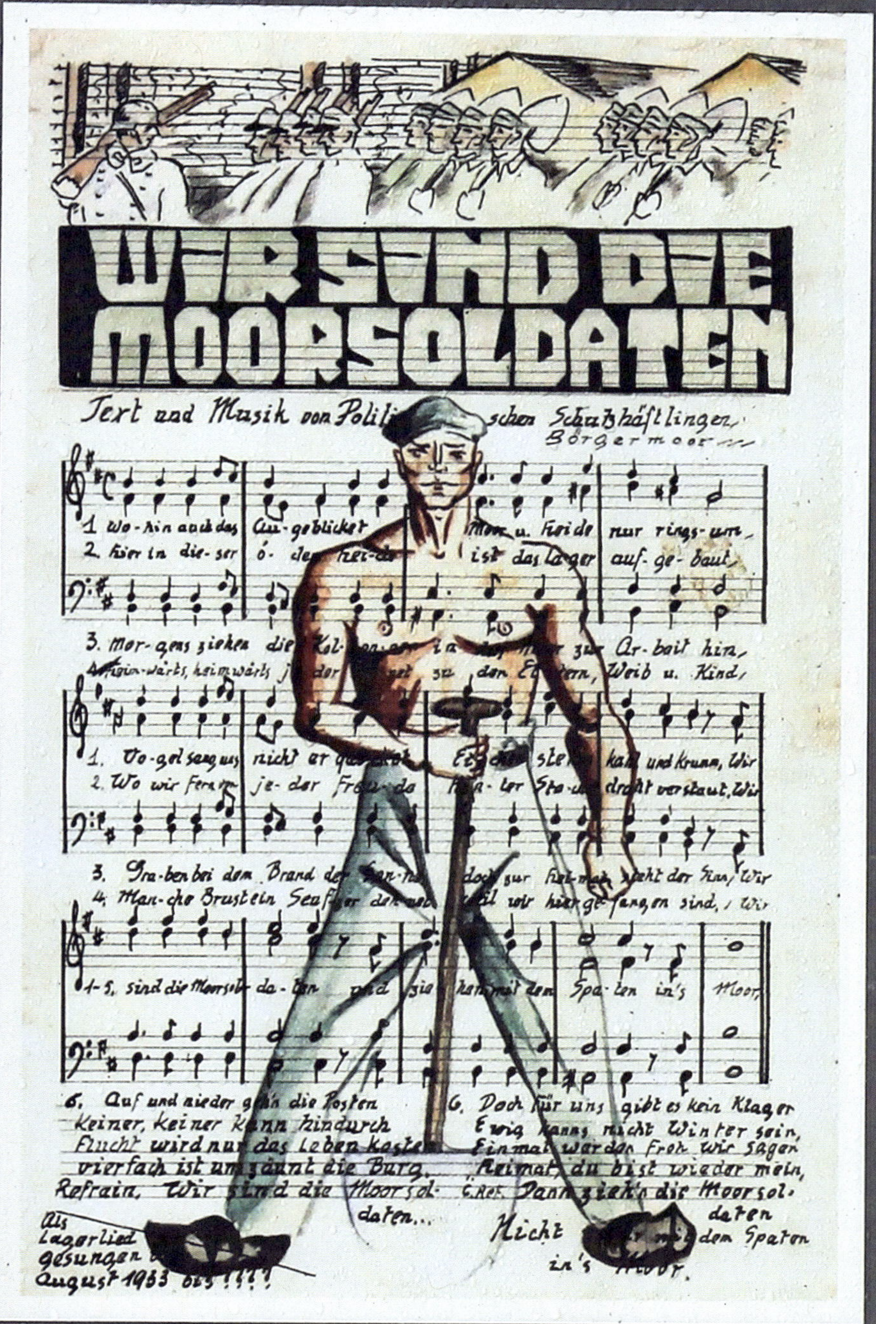

Liedblatt von Hanns Kralik,
Häftling im KZ Börgermoor 1933-1934,
KZ Börgermoor 1933
Aktionskomitee DIZ Emslandlager e.V., Papenburg

Moornutzung heute

Heute befinden wir uns an einem Scheideweg. Der Mensch und das Moor sind miteinander verbunden. Unsere heimischen Moorlandschaften bedeckten ursprünglich über fünf Prozent der Landesfläche Deutschlands. Der eine Teil von ihnen ist unwiederbringlich verschwunden, der andere überwiegend – zu mehr als 95 Prozent – entwässert. Die Flächen gänzlich aus der Nutzung zu nehmen und der Natur zu übergeben, ist unmöglich. Zwar befinden sie sich fast vollständig in landwirtschaftlicher und forstwirtschaftlicher Nutzung – diese einzustellen, ist aber kein realistischer Gedanke. Zumindest einen Teil davon brauchen wir weiterhin für unsere Versorgung mit vielfältigen Gütern.

Torfabbau im Moor heute

Täglich nutzen wir Torf – ohne es zu merken. Denn kaufen wir Gemüse, ist das meist auf torfhaltigen Substraten gewachsen. Aus dem Gemüseanbau ist Torf nach wie vor nicht wegzudenken. Etwa 40 Millionen Kubikmeter werden jährlich weltweit für gärtnerische Zwecke genutzt – das entspricht der Füllung von etwa 16 000 olympischen Schwimmbecken! Europa ist der Spitzenreiter im internationalen Torfhandel – 83 Prozent der weltweit abgebauten Torfmenge hat hier ihren Ursprung und ist fast ausschließlich für den europäischen Markt bestimmt. Deutschland gilt neben den Niederlanden als größter Endverbraucher von Torf. Damit tragen wir eine besondere Verantwortung für das Schicksal unserer Moore. Hierzulande konzentriert sich der Abbau auf Niedersachsen, denn der Großteil der torfreichen Hochmoore liegt dort.

Ich bin an der Grenze zwischen dem Emsland und Ostfriesland unterwegs. Dort lag das größte zusammenhängende Hochmoorgebiet Mitteleuropas – bis vor hundert Jahren der Anfang vom Ende begann. Es waren die 1920er-Jahre, als dem Moor im großen Stile das Wasser geraubt wurde. Widerstände regten sich im Naturschutz, Moorschützer richteten Versuchsflächen ein, dokumentierten die Auswirkungen der Entwässerung. Ohne Erfolg – der Regierungspräsident schrieb im Jahr 1935: »Jetzt muss aber endgültig Schluß

Schwere Maschinen transportieren den getrockneten Frästorf zur Torfbahn, die über ein Schienennetz den Transport aus dem Moor heraus übernimmt.

gemacht werden mit den Fordernissen dieser seltenen Herren vom Naturschutz.« Ferner beschrieb er, man könne, um die Ernährung des deutschen Volkes sicherzustellen, unmöglich Rücksicht nehmen auf 12 Goldregenpfeiferpärchen. Der Goldregenpfeifer ist heute nahezu ausgestorben.

Kurzzeitig bestand Hoffnung für das Moor – und für den Goldregenpfeifer. Nachdem zunächst zumindest 100 Hektar der Fläche als Naturschutzgebiet ausgewiesen wurden, kam es während des Zweiten Weltkrieges sogar zu einem kurzzeitigen Stopp der Kultivierungsmaßnahmen. Doch schon kurz nach dem Krieg wurde die Zerstörung des Moores im wahrsten Sinne des Wortes planmäßig fortgeführt. Mit dem Emslandplan wurde der Torfabbau in der Region gefördert und 1959 erfolgte die Genehmigung für die gesamte Esterweger Dose – das Naturschutzgebiet wurde aufgehoben. Vorschläge der lokalen Politik, etwa 100 Hektar des noch intakten Moores unter Schutz zu stellen, lehnten das Land als Eigentümer sowie die damals mit dem Abbau betraute Emsland GmbH ab. So wurden vor 40 Jahren die letzten intakten

Moorbereiche abgetorft. Vor rund 30 Jahren begann man dann damit, die ersten abgetorften Bereiche wieder zu vernässen.

Mittlerweile ist die Esterweger Dose wieder ein Naturschutzgebiet. Auf einigen Wegen lässt sich das Gebiet erkunden, Infotafeln erzählen den Besuchern von der Bedeutung des Moorschutzes. Ich stehe an einem Aussichtspunkt am Rande des Moores. Er ist die einzige Erhebung in der ansonsten flachen Landschaft. Unter ihm erstreckt sich das renaturierte Moor, die Entwässerungsgräben wurden verschlossen und Torfmoosdecken lassen das darin stehende Wasser allmählich unter sich verschwinden. Als mein Blick in die Ferne schweift, wird das Bild abrupt unterbrochen. Wie mit dem Lineal gezogen, geht die grüne Moorvegetation in eine Fläche aus monotoner Erde über – Torf. Bis zum Horizont reicht sie.

Vom Aussichtshügel aus mache ich mich auf den Weg ins Innere des Gebietes. Der Anblick verschlägt mir die Sprache. Ich bin das erste Mal in einem Torfabbaugebiet und die Bilder, die ich zuvor gesehen hatte, haben mich nicht auf das Ausmaß vorbereitet. An die »Unendliche Geschichte« muss ich denken, an die Sümpfe der Traurigkeit. In lebenden Mooren fühlte ich dies nie, aber hier, angesichts der totalen Zerstörung, ist die Situation eine andere. Links und rechts des Weges erstreckt sich der Abbau, so weit das Auge reicht. Mit dem kleinbäuerlichen Torfstich, wo mit Torfspaten in harter körperlicher Arbeit dem Moor der Torf abgerungen wurde, hat das nichts gemeinsam. Es sind riesige Maschinen, die Schicht für Schicht den getrockneten Torfboden abtragen und zum Abtransport auf die Moorbahn verladen. Ich laufe so lange durch die sengende Hitze, bis ich kapitulieren und den Rückweg antreten muss. Das andere Ende habe ich bis dahin nicht gesehen.

Auf Satellitenbildern ist die Esterweger Dose als braune Wunde in der grünen Landschaft zu sehen. Der Torfabbau wurde bis 2036 genehmigt. Und das in einer Zeit, in der wir angesichts der Klimakrise um jedes Zehntelgrad ringen und uns im größten Artensterben seit dem Ende der Dinosaurierzeit befinden. Durch die schrittweise Wiedervernässung soll das Naturschutzgebiet für die Nachwelt bewahrt werden. Erst die Zukunft wird zeigen, ob das Vorhaben gelingt. In Teilen des Gebietes ist die übrig gebliebene Torfschicht zu dünn, unterschreitet die Vorgaben, die der Abbaufirma gemacht wurden, um die Versickerung des Wassers zu verhindern. Lange Hitze- und

Bild rechts: Entwässerungsgräben durchziehen den Boden, auf dem die Torfsoden aufgestapelt rund ein Jahr lang trocknen. Heutzutage übernehmen Maschinen die damals schwere körperliche Arbeit der Torfstecher und stechen den Weißtorf in handliche Stücke.

Dürreperioden treiben den Torfschwund weiter an und erschweren, dass eine nasse Landschaft entstehen kann. Die kritische Situation hat dazu geführt, dass der Torfabbau in der Esterweger Dose nun früher als ursprünglich vorgesehen ein Ende findet.

In anderen Mooren wird der Abbau dagegen noch weitergehen: In der Nationalen Moorschutzstrategie hat die deutsche Politik im Jahr 2022 Ziele gesteckt. Zwar gehe man davon aus, dass der Torfabbau in Deutschland bis zum Jahr 2040 weitgehend zum Erliegen kommen wird, an konkreten Vorgaben und Vorhaben fehlt es allerdings noch. Und auch mit dem Ende des Torfabbaus ist das Thema nicht vom Tisch. Denn während wir bei uns auf dem Weg sind, unsere letzten bestehenden Moorreste zu schützen, tragen wir mit dem Import von Torf insbesondere aus den baltischen Staaten zur dortigen Moorzerstörung bei. Nur wenn wir Torf ersetzen und Moorflächen vernässen, können wir die Moore schützen. Die im selben Jahr wie die Moorschutzstrategie verabschiedete Torfminderungsstrategie sieht vor, dass im Hobbygartenbau bis 2026 komplett und im Erwerbsgartenbau bis 2030 weitgehend auf Torf verzichtet wird. Das schafft den Anreiz und unterstreicht die Dringlichkeit, neue Wege zu gehen.

Zum weltweiten Schutz der Moore braucht es gemeinsame politische Wege.

Neben Deutschland haben auch andere europäische Staaten nationale Moorschutzstrategien erarbeitet – mit unterschiedlicher Reichweite. In der Schweiz ist der Torfabbau bereits eingestellt worden. Doch damit die Beendigung des Torfabbaus in den einen Staaten nicht die Zunahme des Abbaus in den anderen bewirkt, braucht es eine internationale Zusammenarbeit im Moorschutz und wirksame gesetzliche Regelungen zum Ausstieg aus dem Torfhandel.

Landwirtschaft im Moor heute

Unter mir erstreckt sich die frisch umgepflügte Erde eines Ackers. Ich stehe auf einem Feldweg und blicke auf das, was mal ein Moor war. Das leise Klackern der Beregnungsanlage ist das einzige Geräusch in der Stille. Nach der langen Trockenzeit fließt in dem tiefen Graben, der den Acker umgibt, nur noch ein Rinnsal.

Als der Weg angelegt wurde, befand er sich auf einer Ebene mit dem umliegenden Gebiet. Seitdem das Wasser über den Graben aus dem Moor geleitet wird, ist das Gebiet über einen Meter abgesackt. Jedes Jahr verliert der Boden ein bis zwei Zentimeter an Höhe. Der Moorschrumpf ist deutlich sichtbar und verrät die Vergangenheit dieses Ortes, auch wenn nichts mehr an das Moor von damals erinnert.

In Deutschland befinden sich die trockengelegten Moore hauptsächlich in landwirtschaftlicher Nutzung. Überwiegend handelt es sich dabei um Grünland, auf dem grasende Kühe stehen oder auf dem mittels Mahd das Gras in die Ställe gebracht wird. Auch auf den Äckern spielt der Anbau von Mais für Tierfutter sowie für die Energiegewinnung eine entscheidende Rolle. Mit fatalen Folgen: Aus den trockenen Moorböden entweichen Treibhausgase, etwa 40 Tonnen CO_2-Äquivalente pro Hektar und Jahr, neben Kohlenstoffdioxid (CO_2) auch Lachgas (N_2O) und Methan (CH_4).

Je tiefer die Wasserstände, desto mehr Sauerstoff dringt in den Moorboden und desto mehr Treibhausgase entweichen. Moore sind riesige Kohlenstoffspeicher – doch im trockengelegten Zustand sind sie zu Klimakillern geworden. Aktuell stammen sieben Prozent der gesamten Treibhausgasemissionen in Deutschland aus entwässerten Mooren. Das wirkt sich auch auf die Klimabilanz von Produkten von diesen Flächen aus: Zum Beispiel hat ein Kilogramm Käse, der aus der Milch von Kühen auf entwässerten Moorböden hergestellt wurde, eine Bilanz von etwa 45 Kilogramm CO_2 – 36 Kilogramm davon entstehen nur durch die Bodenemissionen. Das zieht hohe Kosten nach sich, Schätzungen zufolge liegen die Klimafolgekosten der heute stattfindenden landwirtschaftlichen Moorbodennutzung hierzulande bei 7,2 Milliarden Euro – jedes Jahr. Kosten, die heute bereits anfallen und die in Zukunft noch weiter steigen werden. Gleichzeitig werden Hunderte Millionen Euro in diese Form der Landwirtschaft gesteckt und das Einschlagen von neuen Wegen durch die Gesetzgebung behindert.

Auch dank der Initiative von Landwirten, die sich für den Moor- und Klimaschutz einsetzen, kommt der dringend notwendige Wandel nun in Bewegung – Landwirtschaft auf nassen Böden ist längst keine Zukunftsmusik mehr. Diesen Weg zu gehen, ist für uns als Gesellschaft unabdingbar und sollte deshalb auch eine gesamtgesellschaftliche Aufgabe sein, die aktuell vor allem mehr politische Initiative braucht.

Bild folgende Seite: In diesem Bereich der Esterweger Dose hat die Wiedervernässung bereits begonnen.

Moorschutz

Moor muss nass

Unsere Moore sind Schatzhüter. Doch sie haben gleich mit den zwei größten Krisen unserer Zeit zu kämpfen: dem Artensterben und der Klimakrise.

Weltweit speichern die Moore etwa 550 Milliarden Tonnen Kohlenstoff. Das ist nahezu doppelt so viel, wie in der Biomasse aller Wälder lagert. Da sie ewig weiterwachsen könnten, nehmen sie fortwährend neuen Kohlenstoff auf. Zumindest in der Theorie. Zumindest solange sie nass sind.

In Deutschland sieht die Bilanz verheerend aus: Die CO_2-Emissionen aus entwässerten Mooren machen etwa sieben Prozent der gesamten Emissionen aus. Weltweit sind es immerhin fünf Prozent – und das, obwohl auf der ganzen Welt ein deutlich geringerer Anteil der Moore trockengelegt ist (15 Prozent gegenüber den hierzulande 95 Prozent). Da wir in Deutschland insgesamt einen sehr hohen CO_2-Ausstoß verursachen, fallen die Moore bei uns prozentual geringer ins Gewicht, als es in der globalen Rechnung der Fall ist.

»Moor muss nass« ist zum Leitspruch des Moorschutzes geworden. Mittlerweile wird er um den Zusatz »und zwar sofort« erweitert, denn die Zeit drängt. Mit dem Klimaschutzgesetz haben wir uns verpflichtet, spätestens im Jahr 2045 klimaneutral zu sein. Damit sollen die mit der Klimakrise einhergehenden Schäden zumindest begrenzt werden. Das Ziel ist, dass weniger Treibhausgase freigesetzt werden, als durch Senken gebunden werden, und da kommen die Moore ins Spiel.

Als natürliche Senken binden Moore Kohlenstoff. Damit sie diese Funktion erfüllen können, müssen sie allerdings nass sein. In der Europäischen Union hat man sich mit dem Pariser Klimaschutzabkommen bisher nur auf eine Klimaneutralität bis 2050 geeinigt, doch selbst für die Einhaltung dieses Ziels ist es in Deutschland notwendig, jedes Jahr etwa 50 000 Hektar Moorfläche wieder zu vernässen. Dabei sind wir wichtig, denn innerhalb der EU ist Deutschland führend, was die Treibhausgasemission aus Mooren angeht. An der Umsetzung hapert es noch: Bisher werden jedes Jahr nur 2000 Hektar wiedervernässt. Seit Jahrzehnten ringen Moorschützer um jeden Hektar und somit sind diese Flächen ein wichtiger Anfang. Dennoch steht fest: Wir stehen vor einer großen Aufgabe. Das Gute dabei: Viele Lösungen haben wir bereits.

Bild links: Verwaist erstrecken sich die Gleise der Torfbahn durch das Moor, die Vegetation greift bereits danach.

Wiedervernässung – wie funktioniert das?

Moorschutz mit Biss

Ein lautes Platschen lässt mich aufhorchen. Neben dem Pfad, der durchs Moor führt, hat sich Wasser angesammelt, auf dessen Oberfläche sich kleine Wellen kräuseln. Welches Tier dort gerade auch immer abgetaucht sein mag, es ist spurlos verschwunden. Mit wachsamem Blick gehe ich langsam weiter. Vor mir steht eine kleine Baumgruppe – Moorbirken, denen der hohe Wasserstand nichts ausmacht. Mehrere Bäume sind allerdings umgefallen und ragen ins Wasser. Aus der Ferne vermute ich darin die Spuren einer Pflegemaßnahme, bei der Gehölze entfernt wurden. Erst aus der Nähe sind die Stümpfe zu sehen: Ihre markante Form erklärt nicht nur den Grund für die ins Wasser gestürzten Bäume, sondern auch für das laute Platschen. Nach oben hin laufen sie spitz zu wie die untere Hälfte einer Sanduhr, das Holz trägt ein Muster aus feinen Rillen. Dort war ein Biber am Werk, mitten im Moor. Die Fraßspuren sind nicht die einzigen Hinweise, die seine Anwesenheit verraten.

Ein flacher Damm trennt die Baumgruppe vom Wasser. Unter der Schicht aus Schlamm schauen dünne Äste hervor. Der Biber hat den Damm gebaut und damit erfolgreich das Wasser aufgestaut. Auf diese Weise hat sich die Biberfamilie geeignete Lebensbedingungen geschaffen: Der Eingang zu ihrem Bau, den die Jungen erst einige Wochen nach der Geburt verlassen, liegt sicher vor Feinden unter Wasser, und auf dem Wasserweg kann der Biber leicht Baumaterial transportieren. Nicht ganz uneigennützig trägt der Biber auf diesem Weg zur Wiedervernässung des in weiten Teilen trockenen Moores bei.

Dabei ist dieses Moor kein Einzelfall: Auch in anderen Regionen hat sich Deutschlands größtes Nagetier wieder angesiedelt. Mit seinen Bauwerken beschleunigt er die Abläufe. Moorschützer blicken mancherorts neben dem Biberdamm stehend auf ein jahrelanges Ringen mit den Behörden zurück. Mit einem verschmitzten Lächeln erzählen sie davon, wie lange es dauert, bis Anträge genehmigt werden und Entwässerungsgräben verschlossen werden können, und wie schnell das Moor nass ist, wenn der Biber baut. Denn der Biber macht einfach.

Der Biber arbeitet schnell und kostengünstig. Wo wir auf langwierige Planungs- und Genehmigungsverfahren setzen, legt er einfach los und flutet trockengelegte Moorflächen praktisch über Nacht.

Dammbau in Handarbeit

Der Biberdamm holt Erinnerungen aus meinem Gedächtnis hervor, denn einen Damm habe ich selbst schon gebaut. Etliche Tage hat es gedauert, bis er stand. Eigentlich hätte ein Erdwall verhindern sollen, dass das Wasser am Rand des Hochmoores hinausläuft. Mit der Zeit ist er allerdings undicht geworden, sodass es im dahinter liegenden Graben wieder zu plätschern begann. Mitten im Wald haben Spaten und Spitzhacke den Einsatz schwerer Maschinen ersetzt. Die dichte Vegetation hat es nicht leicht gemacht, eine Vertiefung freizugraben, die vom einen zum anderen Grabenufer und darüber hinaus reichte. Das sich darin in Windeseile ansammelnde Wasser zeigte das Ausmaß des Wasserverlustes. Immer wieder musste es mit Eimern abgeschöpft werden, um eine Wand aus Holz in die Höhe ziehen zu können. Sie sollte als Stütze dienen und nur das Gerüst sein für die nachfolgenden Schritte – oder vielmehr für das darauffolgende Stampfen. Schubkarre für Schubkarre wurden Torf

Mithilfe einer hölzernen Spundwand wurde ein Damm errichtet
und damit die weitere Entwässerung des Moores verhindert.

und Sägespäne herbeigefahren und Stück für Stück mit dem Wasser vermischt. Kräftiges und ausdauerndes Treten in den Gummistiefeln war nötig, bis sich die Baumaterialien zu einem festen Teig verbunden hatten, der in der Lage war, eine für das Wasser undurchdringliche Barriere zu bilden. Mit Erfolg: Das Moor speichert die Regenfälle, Moorfrösche blubbern in den Binsen und das Tröten der Kraniche ertönt aus dem überschwemmten Moorwald.

Die Wiedervernässung von Mooren ist ein herausforderndes Unterfangen. Probleme bereitet nicht nur zu wenig Wasser, sondern auch zu viel. Sind die Moore zu trocken, verschwinden Lebensräume und entweichen Treibhausgase. Sind sie zu nass, hat das ähnliche Folgen. Ein zu hoher Wasserstand führt zum einen dazu, dass sich viel Methan bildet und in die Luft gelangt, das ist schädlich fürs Klima. Zum anderen brauchen viele Moorbewohner zwar nasse Böden, kommen aber mit offenen Wasserflächen nicht zurecht. Sogar Torfmoose, die auf dem Wasser schwimmende Teppiche bilden können, tun

Bild rechts: Neben dem händischen Dammbau kommen bei der Wiedervernässung auch Maschinen zum Einsatz, die weitläufige Dämme errichten.

sich mit diesen Bedingungen schwer. Weht der Wind über die Landschaft, setzt er das Wasser in Bewegung und der Wellenschlag hindert die Moose an einer Ausbreitung. Deswegen sollte der Wasserstand in den wiedervernässten Mooren nahe der Bodenoberfläche liegen.

Kein Moor gleicht dem anderen. Und deswegen gleicht auch keine Wiedervernässung der anderen. Für jedes Gebiet gilt es im Vorhinein zu untersuchen, wie das Gelände und der Untergrund beschaffen sind, woher das Wasser stammt, welche Arten dort beheimatet sind. Die mit diesen Informationen geschmiedeten Pläne werden dann umgesetzt. In Hochmooren wird oft mit dem Bau von Dämmen verhindert, dass das Wasser rund um das Moor hinausläuft. Zum Einsatz kommen neben Torf auch andere natürliche sowie künstliche Materialien – abhängig von der Situation vor Ort. In Niedermooren, die vom Grund- und Oberflächenwasser gespeist werden, kann das Verfüllen von Entwässerungsgräben ausreichen, um dem Gebiet sein Wasser zurückzugeben. In anderen Fällen ist es aber auch notwendig, wieder Überschwemmungen zu ermöglichen, etwa durch die Renaturierung

Bereits um 1700 vor unserer Zeit erschlossen die Menschen mit Holzwegen das Große Uchter Moor. Gezeichnet vom Torfabbau der letzten Jahrhunderte, wurde dieses niedersächsische Moor 2007 unter Naturschutz gestellt und in Teilen wiedervernässt.

von Flüssen oder Bächen, die das Moor versorgen. Wie sich das Gebiet entwickelt, hängt von etlichen Faktoren ab. Deswegen braucht es auch nach den Baumaßnahmen eine langfristige Betreuung, bei der beispielsweise Wasserstände kontrolliert und mithilfe von Überläufen reguliert werden.

Wiedervernässung – was kommt danach?

Im Moor wächst ein Wald heran. Bereits vor Langem wurden die Entwässerungsgräben, die das Gebiet umgeben, verschlossen. Dennoch sind die Böden ausgedörrt, Birken wurzeln darin. Ursprünglich erstreckte sich in diesem Bereich des Hochmoores eine baumfreie Ebene und nur die Randbereiche erlaubten es den Birken, zu wachsen.

Bild rechts oben: Im Emsland liegt das Leegmoor. Diesen Namen teilt es mit anderen Mooren Deutschlands: Er verrät die teilweise Abtorfung des Hochmoorbodens.

Wieder-
vernässungsfläche
nach Abtorfung

An heißen Tagen kann eine ausgewachsene Moorbirke bis zu 500 Liter Wasser aus dem Boden ziehen. Das kann vor allem für geschädigte Moore zum Problem werden, weswegen teils Maschinen das Aufwachsen der Gehölze verhindern.

Bis das Moor wieder intakt ist und lange Trockenperioden verkraften kann, braucht es nicht nur Geduld, sondern auch einiges an Anstrengungen. Denn es stehen langwierige Arbeiten bevor: Entkusselungen. Die Birken gewinnen Jahr für Jahr an Größe und verbrauchen immer mehr Wasser. Sind sie ausgewachsen, werden es bis zu 500 Liter sein, die jede von ihnen an einem einzigen heißen Tag aus dem Boden zieht. Für das Moor, dem durch die geringen Niederschlagsmengen ohnehin bereits das Wasser fehlt, hat das schwerwiegende Folgen. Unterirdisch verzehrt die Trockenheit das Moor. Sauerstoff dringt in den Boden und leitet den Abbau ein. Wie auf dem Acker kommt es auch dort zum Torfschwund und zugleich kann der Boden Feuchtigkeit immer schlechter speichern. Die Folgen zeigen sich auch oberirdisch: Der Boden, der im natürlichen Zustand von Torfmoosen und anderen Pflanzen bedeckt war, liegt nackt da und die Sonne heizt den dunklen Torf ungemein auf.

Der dichte Baumbewuchs scheint zwar ein geschütztes Versteck für Tiere abzugeben. Bewohner des Moores, wie der Kampfläufer und der Kiebitz,

Moorpflege erfordert oftmals Handarbeit – ob bei der Entkusselung oder beim Dammbau.

brauchen jedoch die offenen Flächen, um ihre spektakuläre Balz abzuhalten und beim Brüten Feinde schon aus der Ferne bemerken zu können. Und auch den Libellen fehlen die Gewässer, über denen sie rasant kreisen und im Flug ihre Eier ablegen können.

Um die bestmöglichen Voraussetzungen für das Moor und die darin lebenden Arten zu schaffen, steht ein Arbeitseinsatz bevor. Die jungen Gehölze (Kussel) werden mit Sägen, Astscheren, Spaten und Spitzhacken entfernt – das Moor wird entkusselt. In einigen Gebieten findet diese Arbeit regelmäßig statt, bis die Landschaft irgendwann in der Lage ist, sich wieder selbst zu regulieren, und der Mensch sich zurückziehen kann. Ob und wie Gehölze aus den Mooren herausgenommen werden, ist von Gebiet zu Gebiet verschieden. Neben dem händischen Entkusseln finden beispielsweise auch Mäharbeiten mit großen Maschinen oder Beweidungen durch Pflanzenfresser statt.

Ob Dammbau oder Entkusselung – die Arbeiten im Moor sind nicht nur unschätzbare Beiträge zum Moorschutz, es sind auch Erlebnisse, die in Erinnerung bleiben. Das Schicksal der Moore berührt mich, seitdem ich es bei den Einsätzen so hautnah erfahren habe, umso mehr und umso größer ist mein Wunsch geworden, zu ihrem Erhalt beizutragen.

Nasse Moore nutzen

Auf breiten Ketten rattert die Maschine über die Fläche. Der Boden ist vollgesogen mit Wasser, andere Fahrzeuge würden sofort darin einsinken. Wie viele Moore wurde auch dieses bis vor einiger Zeit trockengelegt. Obwohl es nun wieder nass ist, wird es weiterhin genutzt. Paludikultur bringt Moorschutz und Landwirtschaft dort unter einen Hut.

Das Schilf raschelt im Wind. Die Ernte hat bereits begonnen, Streifen für Streifen schneidet die Maschine die Halme ab. Vom Moor aus steht nur ein kurzer Transportweg bevor – es wird in Norddeutschland bleiben und beim Decken eines Daches Verwendung finden. Allein in diesem Teil Deutschlands wird jährlich Schilf für Reetdächer im Wert von geschätzt rund 11,6 Millionen Euro verkauft. Bisher wird es überwiegend importiert, zunehmend aus China. Statt es unter immensem Aufwand und mit hohen Kosten zu verschiffen, lässt es sich auch vor Ort erzeugen.

Von Torfmoos bis Moosbeere, von Schwarzerle bis Sonnentau – etliche Paludikultur-Pflanzen sind für die Wirtschaft interessant. Viele von ihnen ersetzen umwelt- und klimaschädliche Produkte, die aus entwässerten Moorflächen stammen, aus weit entfernten Teilen der Erde importiert werden oder aus fossilen Rohstoffen hergestellt werden. Gleichzeitig kann die Wiedervernässung die Torfböden schützen, die Freisetzung von Treibhausgasen reduzieren und den Effekt der Verdunstungskälte bewahren.

In Pionierbetrieben ist der Startschuss für die Paludikultur bereits gefallen, begleitet von etlichen Hürden, die vor der ersten Ernte genommen werden müssen. Eine der größten Herausforderungen: Bisher hat die EU Fördergelder für den Anbau von Mais auf entwässerten Mooren gezahlt, nicht aber von Schilf auf wiedervernässten Flächen. Paludikultur war schlichtweg nicht vorgesehen. Das hat sich 2023 geändert: Mit dem Beginn der neuen Förderperiode im Rahmen der Gemeinsamen Agrarpolitik (GAP) wird es für landwirtschaftliche Betriebe attraktiver, die Wasserstände anzuheben. Die Umstellung auf Paludikultur bleibt allerdings umfangreich – angefangen bei der Anschaffung geeigneter Maschinen bis hin zur Schaffung neuer Vertriebswege. Damit sich Paludikultur-Produkte etablieren können, ist auch die politische Unterstützung notwendig, denn der Wandel wird zunehmend dringlicher.

Der Hochmoor-Perlmuttfalter

Der Hochmoor-Perlmuttfalter ist eine echte Rarität. Das hat vor allem etwas mit seiner ausgeklügelten Lebensweise zu tun. Spezialisierte Arten wie er leiden deutlich mehr darunter, wenn Lebensräume wegfallen oder zerschnitten werden, als weniger stark spezialisierte Arten.

Gleich in doppelter Hinsicht ist der Hochmoor-Perlmuttfalter spezialisiert. Er ist ein sogenannter Mehrbiotopbewohner. Das bedeutet, er benötigt nicht nur einen Lebensraum, damit seine Bedürfnisse befriedigt sind, sondern gleich mehrere. In seinem Fall sind es zwei.

Die Raupe ist gebunden an die Gewöhnliche Moosbeere. Diese Spezialisierung auf eine Nahrungspflanze wird Monophagie genannt. Die Moosbeere hat nicht ohne Grund ein eigenes Kapitel in diesem Buch (siehe Seite 95), denn sie ist fester Bestandteil der Vegetation vieler Moore. Dementsprechend finden wir die Raupen des Hochmoor-Perlmuttfalters in der Regel auch dort. Ganz andere Ansprüche haben dagegen die Falter, und so verlassen sie den Lebensraum, auf den sie als Raupen noch angewiesen waren, und besuchen Wiesen, die an Moore angrenzen. Dort haben sie es auf die Blütenpracht abgesehen, die ihnen Nahrung schenkt.

Der Hochmoor-Perlmutterfalter ist ein überaus gutes Beispiel dafür, dass es nicht immer ausreicht, nur einzelne Lebensräume zu schützen. Vielmehr ist der orange schillernde Falter ein Botschafter für den Erhalt ganzer Biotopverbünde, die Arten wie er zum Leben brauchen.

Bild folgende Seite: Ihren deutschen Namen verdankt die Rosmarinheide der Form ihrer Blätter. Doch es ist Vorsicht geboten, denn die giftige Rosmarinheide hat nichts in der Küche zu suchen.

Ein Moor
im Garten

Das Moorbeet

Die im Moor wachsenden Pflanzen faszinieren ungemein mit ihren Geschichten genauso wie mit ihrer Gestalt. Mit einem Moorbeet können wir uns ein Stück Moor in den Garten holen und dort aus der Nähe beobachten, wie der Sonnentau Fliegen erbeutet, wie sich die Blüten des Wollgrases in fluffige Köpfchen verwandeln oder wie die farbenfrohen Früchte der Zwergsträucher Vögeln einen Leckerbissen bieten. Ein Moor in Miniaturform nachzubauen, ist im Garten ebenso möglich wie auf dem Balkon. Ganz nach Platzangebot und Geschmack lassen sich die Größe, die Materialien und Pflanzen variieren.

Der Ort für das Moorbeet

Im Moor spenden Bäume und Sträucher nur spärlich Schatten. Die Moorgewächse sind die intensive Sonneneinstrahlung gewohnt und haben sich in einigen Fällen sogar daran angepasst. Ob stark verkleinerte Blätter, eine schützende Wachsschicht oder eine rötliche Färbung – Schutzstrategien ermöglichen es ihnen, der Sonne zu trotzen. Somit entspricht auch im Garten eine sonnige Stelle den natürlichen Bedingungen im Moor.

In der direkten Umgebung aufragende Gehölze haben sowohl Vor- als auch Nachteile. Einerseits kann ihr Schatten gerade in der Mittagshitze eine zu starke Verdunstung des Wassers verhindern. Andererseits düngt das im Herbst herabfallende Laub das Moorbeet und kann auf diese Weise das Gedeihen der Moorpflanzen erschweren. Letztlich hängt es von den zur Verfügung stehenden Möglichkeiten, den eigenen Vorstellungen und dem gewünschten Pflegeaufwand ab, welchen Standort man wählt.

Das Moorbeet anlegen

Ist die passende Stelle gefunden, beginnt die eigentliche Arbeit: Wie beim Anlegen eines Teiches wird zunächst eine Vertiefung ausgehoben. Die Mulde

Bild links: Das Gefleckte Knabenkraut ist eine Täuschblume und ergaunert die Hilfe der Insekten: Süßen Nektar, den es in der Regel als Gegenleistung für die Bestäubung gibt, finden diese Baum-Weißlinge hier nicht.

sollte mindestens 50 bis 70 Zentimeter tief sein, die Seitenwände dürfen steil abfallen. Bei einer Breite von bis zu 150 Zentimetern ist es noch möglich, die Pflanzen später von den Beetseiten aus zu erreichen, ohne den feuchten Boden zu betreten. Ein gestaltetes Gefälle schafft innerhalb des Beetes unterschiedliche Wuchsbedingungen: Im flacheren Bereich fühlen sich Pflanzen wohl, die zumindest zwischenzeitlich auch trockene Böden mögen – etwa Krähenbeere, Besenheide und Glockenheide. Im tieferen Bereich wachsen Pflanzen, die regelmäßig feuchte Füße wünschen – wie Fieberklee und Sonnentau.

Die ausgehobene Mulde wird – bei sehr steinigem Boden zunächst mit einer etwa 10 Zentimeter dicken Sandschicht bedeckt – mit Teichfolie ausgekleidet. Sie wird dafür sorgen, dass sich die moortypische Nässe im Moorbeet hält. Die Folie sollte deutlich über den Rand hinausragen. Das ermöglicht ein Nachrutschen, wenn die schwere Füllung eingebracht wird, und ist wie beim Teichbau eine Kapillarsperre, die verhindert, dass das Wasser aus dem Moorbeet ins umgebende Erdreich gesogen wird.

Wenngleich die Moorpflanzen nasse Böden schätzen, kommen doch einige mit einer länger dauernden Überschwemmung nicht zurecht. Um dieser, etwa im Fall von starken Regenfällen, vorzubeugen, bietet sich ein Abfluss an. Abhängig von der Umgebung lässt sich bei einem leichten Gefälle entweder ein seitlicher Überfluss nutzen oder man gestaltet direkt beim Anlegen ein kleines Drainageloch. Für Letzteres kann man etwa auf halber Höhe ein kleines Loch in die Folie schneiden. Daraus kann überschüssiges Wasser entweder direkt abfließen oder man verlegt vom Loch weg ein schmales Rohr – das bietet sich gerade bei stark stauenden Böden an: Bei einem Gefälle von etwa 45 Grad führt es das Wasser ab, das beispielsweise in eine Grube geleitet werden kann, die mit lockerer Erde oder Steinen gefüllt wurde.

Alternativ zur Nutzung von Teichfolie lässt sich das Moorbeet auch in einem Bottich anlegen. Eingegraben im Garten oder auf den Boden gestellt, bietet er zwar weniger Freiräume bei der Wahl von Umfang und Form, doch zugleich verringert diese Bauweise den Arbeitsaufwand und ermöglicht das Anlegen eines Moorbeetes auch ohne Garten – zum Beispiel auf dem Balkon, im Innenhof oder im Kindergarten. Eine Mörtelwanne aus Kunststoff bietet sich dafür an, da sie für gewöhnlich auch winterlichen Frost übersteht. Moorbeete in Töpfen aus Stein oder Ton sollten im Winter dagegen frostsicher untergebracht werden.

Die Raupe des Kleinen Nachtpfauenauges ernährt sich auch von der im Moor wachsenden Besenheide.

Der Hauhechel-Bläuling besiedelt eine breite Palette an Lebensräumen, darunter die Wiesen von Niedermooren.

Sogar im Garten kann eine Mörtelwanne größere Moorbeete bereichern. In der Mitte der gegrabenen Mulde platziert, ist sie die letzte verbliebene offene Wasserfläche eines Moores: das Moorauge.

Auf das Wasser kommt es an

Ein natürliches Moor besitzt einen schwammartigen Boden, der große Wassermassen speichert. Auch im Moorbeet benötigen die Pflanzen ausreichend Wasser, deswegen werden am Grund Wasserreservoires angelegt. Dafür dienen Töpfe, die im Topfboden etwa fingerdicke Löcher besitzen und kopfüber auf den Beetgrund gestellt werden. In dem Hohlraum kann sich das Wasser sammeln und die Pflanzen auch in Trockenzeiten versorgen.

Befinden sich keine oder zu wenige Wasserbehälter im Moorbeet, muss das Beet öfters gewässert werden. Dafür eignet sich am besten Regenwasser. Leitungswasser erhöht durch seinen oftmals hohen Kalkgehalt den niedrigen pH-Wert des Moorbeetes und ist deswegen für Moorpflanzen ungeeignet.

Moorbeet ohne Moorboden

Um unsere Moore davor zu schützen, trockengelegt und abgebaut zu werden, verzichten wir bei der Anlage des Moorbeetes natürlich auf die Verwendung von Torf. Wer den Boden für das Miniaturmoor selbst anmischen möchte, kann auf Häckselmischungen aus Ried und Schilf, auf Holzspäne, Rinden- und Nadelmulch sowie auf Kaffeesatz zurückgreifen. Als einfachere Lösung ist im Handel passende torffreie Erde erhältlich, die nährstoffarme und saure Bedingungen liefert. Um sicherzugehen, dass die Pflanzen den geeigneten Boden zum Wachsen haben, können pH-Wert-Tests genutzt werden.

Zwei Pflanzen für das Moorbeet: Sumpf-Calla (links) und Besenheide (rechts). Die Sumpf-Calla benötigt wenig Pflege, ist sehr winterfest und erfreut uns mit ihrem abwechslungsreichen Erscheinungsbild.

Faulbaum (links) und Sumpf-Blutauge (rechts) fühlen sich wohl im Moorbeet. Der Wurzelstock des Sumpf-Blutauges enthält Gerbstoffe, die ihn vor Fäulnis schützen. Früher nutzte man die Pflanze auch zum Gerben.

Das wächst im Moorbeet

Für die Bepflanzung des Moorbeetes steht eine Vielzahl von Pflanzen zur Auswahl. Die heimischen Moorgewächse stehen in der Regel unter Naturschutz. Nicht zuletzt aus diesem Grund dürfen sie selbstverständlich niemals in Mooren ausgegraben werden. Viele Arten gibt es als Nachzucht im Pflanzenfachhandel zu kaufen. Bestenfalls sollte man sich dort noch informieren, ob die Pflanzen auch torffrei herangezogen wurden.

An den trockeneren Stellen im Randbereich und auf Erhebungen locken Besenheide und Rosmarinheide mit ihren rosa Blüten Insekten an. Die Beeren von Zwergsträuchern wie Krähenbeere, Preiselbeere und Blaubeere sind bei etlichen Vögeln beliebt. Daneben können auch größere Gehölze das Moorbeet einrahmen – Faulbaum, Gagelstrauch, Zwergbirke und Strauchbirke gehören zu den heimischen Moorgewächsen und können im Gartenboden gedeihen.

Den Namen bekam der Teufelsabbiss aufgrund seines Wurzelstocks: Der sieht aus, als hätte jemand hineingebissen. Und das soll der Teufel gewesen sein. Einst fertigten die Menschen Amulette aus den Wurzeln, um sich vor bösem Zauber zu schützen.

Die außergewöhnlich schöne Sumpf-Stendelwurz ist vor allem in kalkreichen Niedermooren Bayerns südlich der Donau noch häufiger zu finden.

Im Übergangsbereich zwischen trockeneren und nassen Stellen kann ein buntes Blütenmosaik entstehen: Das Fettkraut entfaltet seine klebrigen Blätter und seine lila Blüten leuchten mit denen von Orchideen wie dem Gefleckten Knabenkraut und der Sumpf-Stendelwurz sowie von Sumpfveilchen, Mehlprimel, Teufelsabbiss und Lungenenzian um die Wette.

An den nassen Stellen öffnet der Fieberklee im Frühling seine filigranen Blüten und der Sonnentau lockt mit glitzernden Tropfen an seinen Tentakeln Insekten an. Die Moosbeere räkelt sich über dicke Torfmoospolster – ihre Früchte reifen im Spätsommer und bilden leuchtend rote Farbkleckse. Neben den üppig wachsenden Flatterbinsen, in denen Moorbeetbewohner Deckung finden, stellen im Sommer auch die Samenstände der Wollgräser Hingucker dar.

Fieberklee ist an sehr nasse Wuchsorte angepasst. Seine hohlen Stängel versorgen die unter Wasser liegenden Pflanzenteile mit Sauerstoff.

Das Gemeine Fettkraut hat es auf tierische Beute abgesehen, aber nicht nur. Es kann auch Protein aus Pollen verwerten und deckt teils mehr als 50 Prozent seines Bedarfs über pflanzliche Nahrung.

Das Moorbeet pflegen

Der Boden ist ins Beet gefüllt, die Pflanzen sind gesetzt und das Beet wurde mit Regenwasser getränkt. Nun ist der Pflegeaufwand nur noch gering. Insbesondere sofern Torfmoose den Boden bedecken, hält sich das Wasser lange und die Niederschläge genügen, um den Wasserbedarf der Moorgewächse zu stillen. Eine Bewässerung ist dann nur in längeren Trockenzeiten nötig.

Die ursprünglichen Moorarten benötigen keinen Dünger. Sie sind auf den nährstoffarmen Standort Moor spezialisiert. Einige von ihnen vertragen sogar keine Anreicherung von Nährstoffen im Moor, weswegen es notwendig sein kann, im Herbst gegebenenfalls anfallendes Laub umstehender Bäume und Sträucher vom Beet zu sammeln.

Bei gezüchteten Arten hat sich der Nährstoffbedarf dagegen teilweise verändert. Blaubeersträucher im Handel sind auf möglichst viel Ertrag ausgelegt und benötigen entsprechend mehr Nährstoffe als ihre Verwandten im Moor.

Jedes Jahr werden in Deutschland mehrere Millionen Kubikmeter Torf abgebaut.

Moorschutz im Garten

In der Mitte des letzten Jahrhunderts etablierte sich Torf als Bestandteil von Pflanzensubstraten im Gartenbau. Besonders Torf aus Torfmoosen bringt für diesen Zweck wichtige Eigenschaften mit. In den zahlreichen Poren speichert er Luft und Wasser und versorgt die darin wachsenden Pflanzen. Zugleich enthält Torf wenig Nährstoffe, ist frei von Schadstoffen und Keimen.

Um die große Nachfrage zu stillen, werden in Deutschland schätzungsweise jährlich 3 bis 4 Millionen Kubikmeter Torf abgebaut, überwiegend in Niedersachsen. Zwar sinkt die abgebaute Torfmenge bei uns in den letzten Jahren, doch der Schutz der Moore hierzulande führt bei gleichbleibender Nachfrage zugleich zur Zerstörung von Mooren in anderen Regionen der Welt. Das zeigt allein die Tatsache, dass wir bereits heute die Hälfte unseres

Torfbedarfs über den Import decken. Im Baltikum wachsen die abgetorften Flächen unaufhörlich, der Handel mit Torf blüht – vornehmlich innerhalb Europas wird er verkauft. Viel zu günstig gelangen die Moore auf diesem Weg Stück für Stück in die Gewächshäuser Europas. Weder die Klimaschäden noch die Kosten für die Wiederherstellung der abgetorften Moore sind eingepreist. Im industriellen Gemüseanbau ist Torf nach wie vor nahezu konkurrenzlos, aber auch in privaten Gärten kommt er noch immer zum Einsatz.

Kein Torf in den Topf!

Der Preis für Blumenerde mit Torf ist hoch: Die Moorlandschaften werden zerstört, seltene Tier- und Pflanzenarten verlieren ihren Lebensraum und noch dazu schadet der Abbau dem Klima. Gute Gründe, um auf torffreie Erde umzusteigen, und die ist mittlerweile überall erhältlich. Bald soll die Erde für private Gärten flächendeckend torffrei werden: Das Klimaschutzprogramm der Bundesregierung strebt einen vollständigen Verzicht bis 2026 an. Ein wichtiger Schritt im Schutz der Moore. Bis der Torf aus den Gärten verschwindet, wird aber noch mehr Zeit vergehen, denn die Verwendung im Erwerbsgartenbau soll erst Ende des Jahrzehnts weitgehend auslaufen. Kaufen wir Topfpflanzen für den Garten, kommt der Torf also auch weiterhin unbemerkt mit. Doch auch hier hat der Wandel bereits eingesetzt. Zukunftsorientierte Gärtnereien experimentieren schon ausgiebig mit Torfalternativen. Dabei ist es wichtig, dass wir alle hier durch ständige(s) Nachfrage(n) nach torffrei herangezogenen Pflanzen eine wirtschaftliche Notwendigkeit für den Wandel schaffen. Jeder Schritt, den etwa auch die Paludikultur bei der Entwicklung moorfreundlicher Alternativen macht, ist ein Schritt hin zu mehr Klima-, Umwelt- und Artenschutz. Würden wir nur noch torffreie Erde verwenden, wäre damit allein mit Blick auf den Klimaschutz viel gewonnen: In Deutschland könnten wir auf diesem Weg schätzungsweise mindestens 400 000 Tonnen CO_2 pro Jahr einsparen.

Bild folgende Seite: Die Rasenbinse wächst häufig in nährstoffarmen Mooren.

Ausblick

Die Zukunft unserer Moore

Die Moore haben uns ernährt, sie haben Häuser und Hütten geheizt, sie haben uns Land und Wohlstand geschenkt. Der Landschaft den Torf abzuringen und ihr die lebensgefährlichen Tücken zu nehmen, war kein leichtes Unterfangen. Über Jahrhunderte hinweg war es ein Kampf – der Mensch gegen das Moor. Ein Kampf gegen das Wasser, das die Moore beherrschte und seinen Griff nur unter großer Kraftaufwendung lockerte. Gigantische Maschinen und tiefe Gräben zeugten vom Triumph der Menschen. Wo vorher allenfalls in harter Arbeit kleine Torfstiche betrieben wurden und die Blätter des Gagelstrauchs zum Bierbrauen oder Beeren zum Kochen von Marmelade gesammelt wurden, erstreckten sich von da an intensiv genutzte Standorte. Seitdem der Torfabbau auf dem Rückzug ist, sind Maisäcker und Weiden mit grasenden Kühen die vorherrschenden Moorlandschaften unserer Zeit.

Bereits vor etlichen Jahrzehnten setzten sich Moorschützer für die Bewahrung des wertvollen Lebensraums ein. Häufig waren es die offensichtlichen Schätze der Moore, um die gerungen wurde. Wie die Goldregenpfeifer, die ihre Heimat in der Esterweger Dose hatten, die der Abtorfung geopfert werden sollte. Der Einsatz für die Moore und ihre Bewohner wurde beiseite gewischt, die Goldregenpfeifer verschwanden genauso wie andere Seltenheiten der Moorlandschaften. Kein Moor konnte sich dem Einfluss unserer Vorfahren entziehen. Nur ein Bruchteil von ihnen hat die Zeit überstanden, etwa 95 Prozent wurden dagegen durch Menschenhand zerstört.

»Moor muss nass!« gehört zu den dringlichsten und größten Aufgaben unserer Zeit und es scheint, als stünde die Rettung der Moore bevor. Einige Moore wurden in der Vergangenheit bereits in Naturschutzgebiete umgewandelt. Mit dem Schutz seltener Arten wurde auch der dunkle Schatz, verborgen unter der Oberfläche, bewahrt. Über Jahrtausende hinweg ist die Torfschicht gewachsen und der Wert dieses gigantischen Kohlenstoffspeichers wurde erst nach langer Zeit erkannt. Mittlerweile wissen wir, dass wir heute im Angesicht der Herausforderungen der Klimakrise mit den Mooren wichtige Verbündete an unserer Seite haben.

Die Aufgaben, die es zur Bewältigung von Artensterben und Klimakrise zu stemmen gilt, fühlen sich oft erschlagend an und die Zeit arbeitet gegen uns. Denn Moore wieder zu vernässen, wird immer schwieriger – vielerorts erschweren lange Dürreperioden und geringe Niederschläge bereits die Maßnahmen. Deswegen ist der Einsatz für den Schutz der verbliebenen Moorreste wichtiger denn je. Glücklicherweise haben wir das Wissen und die Lösungsansätze, um uns dem zu stellen.

Moore machen Hoffnung und Moore zu schützen, hilft gegen das Gefühl der Ohnmacht, das uns in diesen Zeiten viel zu leicht beschleicht. Einen Damm zu bauen und mit meinen eigenen Händen in harter Arbeit etwas für ein nasses Moor zu tun, gehört zu den Erlebnissen, die mich am meisten geprägt haben. Nicht nur, dass ich in diesen Tagen die Zeit hatte, das Moor kennenzulernen, am Boden wachsenden Sonnentau zu entdecken und den Kranichen in der Ferne zu lauschen. In diesem Moment habe ich auch gespürt, wie groß unsere Verantwortung zur Bewahrung unserer letzten Moorlandschaften ist.

Heute blicke ich auf unzählige faszinierende Erlebnisse zurück, die ich in den Mooren gehabt habe. Mich für die Natur einsetzen und ihre Geschichten erzählen zu können, ermöglicht es mir, etwas davon zurückzugeben und dazu beizutragen, diese Erlebnisräume auch für die nachfolgenden Generationen zu bewahren. Im Jahr nach dem Dammbau bin ich in das Moor zurückgekehrt. In seinem baumlosen Zentrum konnte sich das Wasser sammeln und die blau gefärbten Moorfrösche ließen darin ihr Blubbern ertönen.

Auf meinen Reisen habe ich die Zerstörung in den Mooren genauso gesehen wie die Schönheit der Moore. Ich habe in die rostroten Augen der Kreuzotter geblickt, bin durch blühende Orchideenwiesen gewandert, habe verfolgt, wie Kiebitze unerschrocken ihre Feinde in die Flucht schlagen, und habe die Strategien der Moorspezialisten kennengelernt. Ich durfte jahrtausendealte Holzwege bestaunen und die Erinnerungen alter Menschen teilen, die früher selbst zum Torfstechen ins Moor gegangen sind. Dieses Buch ist in tiefer Ehrfurcht vor dieser einzigartigen Landschaft entstanden und mit dem Erzählen der Geschichten hoffe ich, dass sie nie in Vergessenheit geraten werden. Und wer die Moore besucht, der kann sie selbst erleben.

Die Autorin

Von klein auf erkundete Farina Graßmann mit der Kamera die Natur. Heute setzt sie sich in Naturschutzprojekten, als Naturfotografin, Autorin und Referentin für deren Schutz ein. Mit ihrer Arbeit erzählt sie die Geschichten der unscheinbaren und auffälligen Bewohner der Natur. Für dieses Buch hat sie die Moore Deutschlands besucht, ist ihren Bewohnern begegnet und hat selbst zum Spaten gegriffen. Begeisternd regt sie zum Begegnen und Bewahren an.

Neben der Schönheit sieht die Autorin beim Fotografieren auch immer wieder die Schäden in den Wäldern, auf den Wiesen und an den Flüssen. Auch in den Mooren hat der Mensch tiefe Wunden hinterlassen. Im Angesicht von Artensterben und Klimakrise ist es für sie wichtiger denn je, dass wir lernen, die Natur Natur sein zu lassen. Denn diese ist unsere Schatzkammer der Artenvielfalt, unsere Verbündete im Klimaschutz und Ort der Erholung zugleich. Von Farina Graßmann sind im pala-verlag bereits die Bücher »Wunderwelt Totholz« und »Wunderwelt heimische Amphibien« erschienen.

Weitere Einblicke in Farina Graßmanns Arbeiten gibt es auf ihrer Homepage: **www.farinas-fotokunst.de**

Bild links: Das obige Bild hat den Augenblick eingefangen, in dem ich das Wollgras im Licht des Sonnenuntergangs fotografierte.

Wunderwelt Natur

Farina Graßmann:
Wunderwelt Totholz
ISBN: 978-3-89566-401-4

Farina Graßmann:
Wunderwelt heimische Amphibien
ISBN: 978-3-89566-419-9

Christopher Schmidt:
Die Kraniche der Welt
ISBN: 978-3-89566-410-6

Michael Altmoos:
Besonders: Schmetterlinge
ISBN: 978-3-89566-408-3

Weitere Bücher aus dem pala-verlag

Paula Polak:
**Regenwasser nutzen –
ein Geschenk für meinen Garten**
ISBN: 978-3-89566-427-4

Ulrike Aufderheide:
**Klimafest und artenreich –
das Naturgartenprinzip**
ISBN: 978-3-89566-429-8

Sigrid Tinz:
Nahrungsnetze für Artenvielfalt
ISBN: 978-3-89566-417-5

Katharina Heuberger:
Mein wilder Meter
ISBN: 978-3-89566-428-1

**Gesamtverzeichnis bei:
pala-verlag, Am Molkenbrunnen 4, 64287 Darmstadt, www.pala-verlag.de**

ISBN: 978-3-89566-431-1

Am Molkenbrunnen 4, 64287 Darmstadt
www.pala-verlag.de

Bildnachweis:
S. 129 links: Niedersächsisches Landesmuseum Hannover
https://ku-ni.de/isil_DE-MUS-163517_opal_niedlaha_histfo_5947
Foto: Max Hugo Weigold, 13.5.1939
S. 129 rechts: Niedersächsisches Landesmuseum Hannover
https://ku-ni.de/isil_DE-MUS-163517_opal_niedlaha_histfo_4949
Foto: Max Hugo Weigold, 12.4.1930
S. 133: Niedersächsisches Landesmuseum Hannover
https://ku-ni.de/record_kuniweb_675858
Otto Modersohn, 1903
S. 135: Frank Vincentz, CC BY-SA 3.0 via Wikimedia Commons
Erinnerungspunkt Lager I Börgermoor, Im Eichengrund

alle anderen Fotos (auch Umschlagfotos): Farina Graßmann
www.farinas-fotokunst.de

Lektorat und Gestaltung: Angelika Eckstein

Druck und Bindung: Beltz Grafische Betriebe GmbH, Bad Langensalza
www.beltz-grafische-betriebe.de
Printed in Germany

Gedruckt auf
100% Recyclingpapier